20kV PEIDIANWANG BUTINGDIAN
DIANXING ZUOYE PEIXUN JIAOCAI

20kV配电网不停电
典型作业培训教材

国网浙江省电力有限公司桐乡市供电公司　编

中国电力出版社
CHINA ELECTRIC POWER PRESS

图书在版编目（CIP）数据

20kV 配电网不停电典型作业培训教材 / 国网浙江省
电力有限公司桐乡市供电公司编. -- 北京 : 中国电力出
版社，2025. 4. -- ISBN 978-7-5198-9732-1

Ⅰ . TM727

中国国家版本馆 CIP 数据核字第 2025S0506E 号

出版发行：中国电力出版社
地　　址：北京市东城区北京站西街 19 号（邮政编码 100005）
网　　址：http://www.cepp.sgcc.com.cn
责任编辑：雍志娟
责任校对：黄　蓓　王小鹏
装帧设计：郝晓燕
责任印制：石　雷

印　　刷：三河市万龙印装有限公司
版　　次：2025 年 4 月第一版
印　　次：2025 年 4 月北京第一次印刷
开　　本：710 毫米×1000 毫米　16 开本
印　　张：10.75
字　　数：166 千字
定　　价：100.00 元

编　委　会

前 言

随着电力系统规模的不断扩大和用户对供电可靠性需求的日益提升，配网不停电作业技术已成为保障电力供应连续性、提升服务质量的核心手段。20kV 配电网作为连接高压输电与低压配电的关键环节，其运维作业的安全性与高效性直接影响着电网运行的稳定性和用户用电体验。为进一步规范作业流程、强化技术标准、培养专业人才，国网浙江省电力有限公司桐乡市供电公司结合多年实践经验与行业最新研究成果，组织编写了《20kV 配电网不停电典型作业培训教材》。

本教材基于 20kV 配网不停电作业的理论与实践成果，全面系统地介绍了不停电作业的基础理论、技术方法、典型项目案例、作业安全控制措施、未来发展方向等内容。通过深入浅出的讲解和丰富实用的案例，旨在帮助作业人员熟练掌握不停电作业的核心技能，提高作业效率和安全性。

在内容编排上，本教材注重理论与实践相结合，既有严谨的电气安全原理分析，又包含大量现场图片、操作流程图及标准化作业指导，便于读者直观掌握技术细节。同时，通过典型项目作业场景的完整拆解，覆盖业扩工程、设备消缺、应急抢修等常见任务，强化实战能力。

此外，本教材还特别强调了安全作业的重要性，详细介绍了作业过程中的安全防护措施和应急处理措施，以确保作业人员在保障供电可靠性的同时，能够最大限度地保障自身安全。

本教材适用于电力企业运维人员、带电作业技术人员、安全管理人员及高校相关专业师生，既可作为岗位培训的核心教材，也可为日常作业提供标准化参考。

希望本书能为提升我国配网不停电作业技术水平、保障电力系统安全可靠运行贡献一份力量。

编写过程中，我们力求内容准确、逻辑清晰，但难免存在疏漏之处，恳请广大读者批评指正。

编　者

目 录

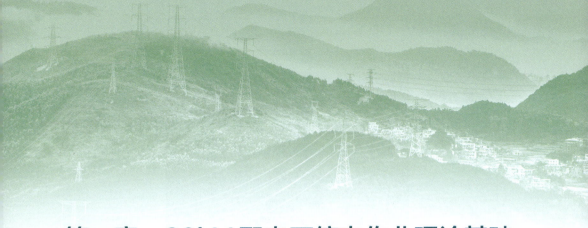

第一章 20kV 配电不停电作业理论基础

1. 开展配网不停电作业基本要求

国家电网公司电力安全工作规程（配电部分）（试行）

国家电网安质【2014】265 号

【9.1.5】带电作业应在良好天气下进行，作业前须进行风速和湿度测量。风力大于 5 级，或湿度大于 80% 时，不宜进行带电作业。如遇雷电、雪、雹、雨、雾等不良天气，禁止带电作业。

带电作业过程中若遇天气突然变化，有可能危及人身和设备安全时，应立即停止作业，撤离人员，恢复设备正常状况，或采取临时安全措施。

1.1 气象条件对配网带电作业的影响

根据安规上述条款，也就是说限制带电作业的气象条件主要有空气湿度、雷电（大气过电压）和风力。

1.1.1 雷电的影响

设备遭到直接雷击、附近受到雷击而在设备上形成感应雷过电压或反击对设备放电造成过电压，从而影响作业安全，如图 1-1 所示。

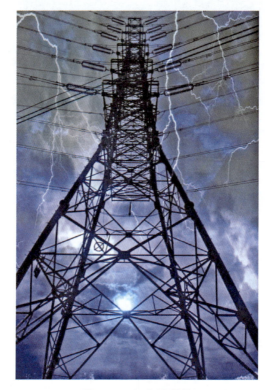

图 1-1　闪电的照片

1.1.2　空气湿度

空气湿度大于 80%，不宜进行带电作业。因为空气湿度会影响到绝缘工器具的沿面闪络电压、性能和空气间隙的击穿强度，如图 1-2 所示。

图 1-2　湿度大照片

1.1.3　风力的影响

5 级风属于清劲风，风速为 8.0～10.7m/s。现象为小树摇动，内陆水面有小波。当风力达到 6 级，风速为 10.8～13.8m/s，属于强风，现象为大树枝摇动，电线呼呼有声晃动加大，如图 1-3 所示。此时进行带电作业上下指挥呼叫、绝缘绳索吊装传递困难。

图 1-3　风的照片

1.1.4　温度的影响

除以上三个方面外，温度也是影响带电作业安全的气象条件。高温天气时，绝缘工具、用具的闪络强度会下降。如图 1-4 所示，高温作业易使作业人员疲劳，出汗还会影响绝缘工器具性能。一般规定温度高于 35℃不宜开展带电作业。

图 1-4　高温照片

1.2 作业中安全距离的控制

1.2.1 带电作业安全距离

带电作业安全距离见表 1.2.1。

表 1.2.1   带 电 作 业 安 全 距 离

电压等级 （kV）	最小安全距离 （m）	最小对地安全距离 （m）	最小相间安全距离 （m）	最小安全作业距离 （m）
10	0.4	0.4	0.6	0.7
20	0.5	0.5	0.7	1.0

注　此表数据均在海拔高度 1000m 以下，如海拔高度超过 1000m，则应进行校正。

1.2.2 绝缘工具有效绝缘长度

绝缘工具有效绝缘长度见表 1.2.2。

表 1.2.2   绝缘工具有效绝缘长度

电压等级（kV）	有效绝缘长度（m）	
	绝缘操作杆	绝缘承力工具、绝缘绳索
10	0.7	0.4
20	0.8	0.5

1.2.3 绝缘斗臂车绝缘臂伸出的最小有效绝缘长度

绝缘斗臂车绝缘臂伸出的最小有效绝缘长度见表 1.2.3。

表 1.2.3   绝缘斗臂车绝缘臂伸出的最小有效绝缘长度

电压等级（kV）	10	20
长度（m）	1.0	1.2

1.2.4 绝缘斗臂车绝缘臂金属部分在仰起、回转运动中，与带电体之间的安全距离

绝缘斗臂车绝缘臂金属部分在仰起、回转运动中，与带电体之间的安全距离见表 1.2.4。

表 1.2.4　　　　绝缘斗臂车绝缘臂金属部分在仰起、回转运动中，
与带电体之间的安全距离

电压等级（kV）	10	20
长度（m）	0.9	1.0

1.3　作业人员的个人防护

与停电作业不同的是，进行 20kV 及以下带电作业时，需要接近和接触带电体，因此必须穿着合格的个人绝缘防护用具，个人防护用品如图 1–5 所示，绝缘安全帽、绝缘服或披肩或袖套、绝缘手套等。

（a）绝缘袖套　　　　　　　　　　　　　（b）绝缘手套

（c）绝缘安全帽

图 1–5　个人防护用品

1.4　作业用的工器具

停电作业可以使用钢丝绳、金属滑车、金属紧线器等金属工具，带电作业工器具在工作状态下，承受着电气和机械双重荷载的作用。作业用的工器具如图 1–6 所示，导线绝缘管、绝缘包毯、绝缘绳、绝缘杆等工具。

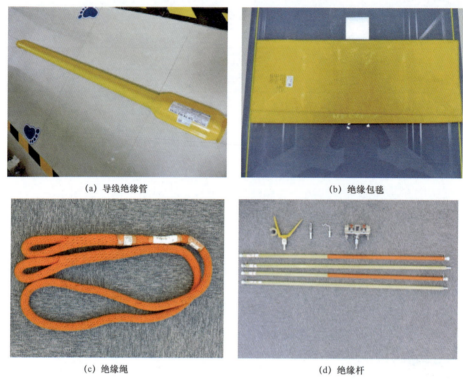

(a) 导线绝缘管   (b) 绝缘包毯

(c) 绝缘绳   (d) 绝缘杆

图 1-6 作业用的工器具

2. 现场勘查的必要性

国家电网公司电力安全工作规程（配电部分）（试行）

国家电网安质【2014】265 号

【3.2.3】现场勘察应查看检修（施工）作业需要停电的范围、保留的带电部位、装设接地线的位置、邻近线路、交叉跨越、多电源、自备电源、地下管线设施和作业现场的条件、环境及其他影响作业的危险点，并提出针对性的安全措施和注意事项。

2.1 不停电作业现场勘查的必要性

现场勘察结果是判定工作必要性和现场装置是否具备不停电作业条件的

主要依据,如图 1-7 所示。由于带电作业工作在安全方面的特殊要求,即使作业项目内容相同,但由于线路走向、装置结构、环境等因素的不同都会影响到不停电作业过程中的安全。

图 1-7 现场勘查的照片

2.2 单一作业点的简单项目勘查

为了节省需求单位的时间,提高大家的作业效率,对一些单一作业点简单的不停电作业项目可由图片确认,照片确认有疑问需进行现场实地查勘。如图 1-8 所示,确认要求如下:三张照片一个定位。杆号牌、杆上装置、杆子周围环境(有路排进,大景)。

(a) 杆号牌照片　　　　　　　　　　(b) 杆上装置

图 1-8 单一作业点的简单项目勘查(一)

（c）杆子周围环境　　　　　　　　　　　（d）定位照片

图 1-8　单一作业点的简单项目勘查（二）

2.3　多点作业复杂项目勘查

多点协同配合作业、复杂项目作业的现场勘查由施工单位发起，会同不停电作业中心、运行单位进行现场实地勘查，形成作业方案，经运检部批准后开展作业。

3. 设备带电检测

3.1　架空线路超声波局放检测

本项目主要通过手持超声波局放检测仪对常见配网架空线路设备，如柱上开关、柱上隔离开关、绝缘子等进行局放检测，判断其内部是否存在局部放电，如图 1-9 所示。

图 1-9　架空线路超声波局放检测

3.2　架空线路柱上设备红外检测

本项目主要通过红外热像仪对进行常见配网架空线路设备红外诊断，可以准确发现设备金属连接部分过负荷电流或电压导致的发热，是最为直观的一种带电检测手段，如图 1-10 所示。

图 1-10　架空线路柱上设备红外检测

3.3　开关柜暂态地电压及超声波局放检测

本项目主要通过手持局放巡检仪对开关柜进行暂态地电压及超声波局放检测，可以发现处于密封状态下开关柜内部的绝缘劣化，如图 1-11 所示。

图 1-11　开关柜暂态地电压及超声波局放检测

4. 常规计划流程

常规计划流程见图 1-12 所示。

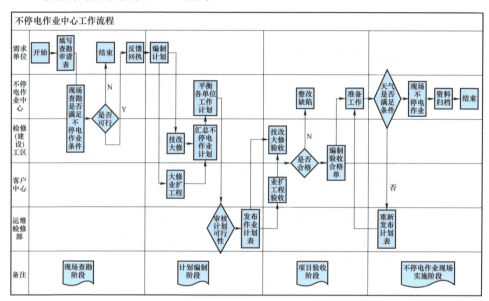

图 1-12　常规计划流程

5. 抢修（紧急）计划流程

抢修（紧急）计划流程见图 1-13 所示。

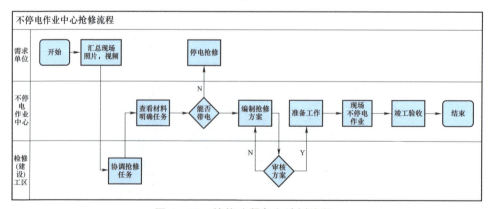

图 1-13　抢修（紧急）计划流程

第二章　20kV 配电不停电作业技术方法

1. 登杆式绝缘杆作业法

1.1　登杆式绝缘杆作业法介绍

　　作业人员在进行相关作业时，首先要通过登杆操作到达适当的位置。如图 2-1 所示，这个适当的位置是依据电力安全规程，经过精确的电气安全距离计算和严格安全标准考量的，它要求作业人员必须保持与带电体电压相适应的安全距离，此安全距离是基于不同电压等级对应的最小安全距离数值确定的，这一数值是大量的电力安全实验以及实际操作经验总结出来的成果，旨在确保作业人员在操作过程中的绝对安全。

图 2-1　登杆式绝缘杆作业

到达指定位置后，作业人员会使用一种特殊的绝缘杆来进行作业。这种绝缘杆的端部装配有不同的工具附件，这些附件是根据具体的作业需求精心设计和配备的。例如，可能有用于拧紧或松开螺母的扭矩扳手型工具附件，有用于检测线路连接状况的绝缘电阻测试仪型工具附件等等。

这种作业方式是一种非常严谨的电力作业安全保障措施。它主要是以绝缘工具和绝缘手套共同组成带电体与大地之间的纵向绝缘防护体系。其中，绝缘工具起着至关重要的主绝缘作业作用。绝缘工具的制造材料是经过特殊筛选和处理的，具备高介电强度等电气性能指标，能够承受相应电压等级下的电场强度，有效地阻止电流从带电体流向大地，从而保障作业人员不会触电。而绝缘手套则起到辅助绝缘的作用。

绝缘手套虽然不像绝缘工具那样承担主要的绝缘任务，但它是一种不可或缺的后备防护手段。绝缘手套的绝缘性能通常会用耐电压等级等技术参数来衡量，当意外情况发生时，比如绝缘工具在操作过程中受到了不可预见的诸如局部放电等因素的损坏或者外界环境因素（如潮湿、污秽等可能降低绝缘性能的情况）的干扰，绝缘手套能够提供额外的绝缘保护，进一步降低作业人员触电的风险。

在相与相之间的绝缘防护方面，空气间隙是主要的绝缘方式。空气在正常状态下是良好的绝缘体，相间的空气间隙能够有效地阻止电流在不同相之间传导。在电力系统中，空气间隙的绝缘特性会受到气压、温度、湿度等气象条件以及电场不均匀程度等因素的影响。然而，仅仅依靠空气间隙还不够保险。为了进一步增强相间绝缘防护的可靠性，绝缘遮蔽罩被引入进来。绝缘遮蔽罩起到辅助绝缘的作用，它可以在相间空气间隙的基础上，对不同相之间进行额外的防护。特别是当作业人员在操作过程中可能会有较大幅度的动作时，绝缘遮蔽罩能够避免因人体动作幅度过大而造成相间短路。这种相间短路可能会引发严重的电力故障，例如三相短路故障，可能会产生巨大的短路电流，进而损坏电力设备、危及作业人员的生命安全，所以这种由空气间隙为主、绝缘遮蔽罩为辅的横向绝缘防护措施是非常必要的。

1.2　作业环境要求

由于登杆作业自身具备一些独特的优势,例如登杆设备相对简单、操作原理较为直观等,所以这种作业方法对作业现场的环境无要求,如图 2-2 所示。无论是在地形较为复杂的山区,还是在空间相对狭窄的老旧城区,只要存在可供登杆作业的电线杆,理论上都能够开展登杆作业。

登杆式绝缘杆作业法,主要是在乡村地区这种特殊的作业环境下发挥重要作用。在乡村道路存在道路狭窄、路况不佳等情况,不利于绝缘斗臂车顺利进入或者找到合适的位置停放。而不停电作业在保障乡村居民正常用电方面又具有不可忽视的重要性。在这种情况下,登杆式绝缘杆作业法就成为一种极为有效的补充措施。

图 2-2　绝缘杆作业现场环境

1.3　装置要求

由于绝缘杆作业法具有独特的作业特性,所以对杆上装置有一定的要求。

首先,在杆上线路的布局形式上,要求为单回路三角形,如图 2-3 所示。这种特定的布局形式是综合考虑绝缘杆作业法的操作便利性、安全性以及与其他设备的适配性而确定的。单回路三角形布局能够在保证电力传输效率的同时,为绝缘杆作业法的操作提供相对稳定的线路结构基础,使得作业人员在使用绝缘杆进行操作时,能够更准确地定位和操作各个线路部件,减少操作过程

图 2-5　接跌落式熔断器

设备安全爬电距离的细致考量等要求。在作业过程中，必须运用可靠的绝缘遮蔽技术对周围带电部分进行有效遮蔽，这是防止相间短路或者接地短路故障发生的关键举措。并且，在接入上引线时，要利用精确的相位检测技术，其目的在于确保接入相位准确无误，从而保障电力系统三相平衡稳定运行。这一精确的相位检测技术能够避免因相位错误而引发诸如电力系统功率因数下降、三相电流不平衡等不良后果。

此外，登杆式绝缘杆作业法在接跌落式熔断器上引线作业中具有独特的技术优势。这种作业法能够凭借绝缘杆的良好绝缘性能，有效隔离作业人员与带电部分，确保作业安全。其操作灵活性也为在复杂的杆上作业环境中精准接入上引线提供了可能。而且，该作业法对配电系统的扰动极小，在作业过程中能够维持系统的稳定性，不会因为接入操作而引发较大的电压波动或者电能质量问题。

2. 绝缘斗臂车绝缘手套作业法

2.1　绝缘斗臂车绝缘手套作业法介绍

绝缘斗臂车绝缘手套作业法是一种在电力系统带电作业领域广泛应用的作业方法。如图 2-6 所示，在这种作业法中，作业人员站在绝缘斗臂车的绝缘斗内开展作业操作。绝缘斗臂车作为一种专门设计用于带电作业的特种车辆，具备许多独特的技术特性以保障作业安全。

图 2-6　绝缘斗臂车绝缘手套作业法

作业人员在进入绝缘斗进行操作时，必须穿戴上符合严格标准的个人绝缘防护用具，这些防护用具包括但不限于绝缘手套、绝缘靴、绝缘安全帽等。在穿戴好这些防护用具后，作业人员直接接触带电体来进行相关的作业任务。

在绝缘斗臂车绝缘手套作业法中，绝缘斗臂车起着极为关键的作用，它是带电导体与大地之间的主绝缘。绝缘斗臂车的绝缘性能是经过严格测试和设计的，其绝缘臂采用高性能的绝缘材料制成，例如环氧玻璃纤维增强塑料等，这些材料具有高绝缘强度、低介电常数等技术特性，能够承受高电压并有效地阻止电流从带电体流向大地。

从相间及相与装置间的绝缘情况来看，主绝缘为空气间隙。空气在正常状态下是一种良好的绝缘体，相间及相与装置间的空气间隙能够在一定程度上阻止电流的传导。然而，空气间隙的绝缘性能会受到多种因素的影响，如气压、湿度、电场不均匀度等。为了确保在各种环境条件下的作业安全，需要准确计算和控制空气间隙的距离，对于不同电压等级的电力系统，相间及相与装置间的空气间隙有着不同的安全距离要求，这些要求是基于大量的实验研究和实际运行经验确定的。

同时，个人绝缘防护用具以及其他绝缘遮蔽用具在整个作业过程中作为辅助绝缘发挥着不可或缺的作用。个人绝缘防护用具如前所述，是作业人员直接穿戴的防护装备，它们能够在主绝缘万一失效的情况下提供额外的保护，防止作业人员触电。而绝缘遮蔽用具，例如绝缘毯、绝缘罩等，用于对带电设备进行遮蔽，避免作业人员意外触碰带电部分，进一步提高作业的安全性。这些绝缘遮蔽用具同样是采用特殊的绝缘材料制成，具备良好的柔韧性、耐候性和绝缘性能，能够在复杂的作业环境下保持稳定的绝缘效果。

2.2 作业环境要求

2.2.1 车辆通行道路要求

在绝缘斗臂车绝缘手套作业法的作业环境要求中，车辆通行道路方面有着要求。

首先，道路必须满足绝缘斗臂车的行驶和停放要求。对于道路宽度而言，这是确保车辆能够安全顺利通行的基本条件之一。如图 2-7 所示，其宽度应在 3m 及以上，这一宽度要求是综合考虑绝缘斗臂车的车身宽度、车辆转向半径以及在道路上可能进行的操作空间等因素得出的。较宽的道路能够给予车辆足够的空间进行行驶操作，避免因道路狭窄而导致车辆剐蹭、碰撞等危险情况的发生。

图 2-7 车辆通行道路要求示意图

其次，车辆行驶净空高度方面也有要求。如图 2-7 所示，在 4m 内不得有障碍物存在，这一净空高度要求是为了保障绝缘斗臂车在行驶过程中不会与空中的障碍物（如架空线路、桥梁底部、广告牌等）发生碰撞。净空高度的设定充分考虑了绝缘斗臂车在伸展状态下的高度以及车辆行驶过程中的颠簸、晃动等因素，以确保车辆在整个行驶路线上都能够安全通过。

最后，对于所通过的桥梁，其通行额定承载力是一个重要的考量因素。如图 2-7 所示，桥梁的通行额定承载力大于 10t，这是因为绝缘斗臂车自身具有一定的重量，再加上作业设备、人员以及可能携带的工具等重量，车辆对桥梁的承载能力有较高要求。如果桥梁的通行额定承载力不足，可能会导致桥梁结构受损，进而引发严重的安全事故。

2.2.2　绝缘斗臂车作业条件的要求

绝缘斗臂车在进行作业时，有着特定的作业条件要求，这些要求是确保作业安全、高效进行的关键因素。

2.2.2.1　作业范围

2.2.2.1.1　支腿伸出量与作业半径

绝缘斗臂车的支腿伸出最大量为 4m。这一参数对于确定车辆的稳定性和作业范围具有重要意义。支腿伸出的距离直接影响到车辆的支撑面积，而足够的支撑面积是确保车辆在作业过程中保持稳定的基础。以绝缘斗臂车中心为支点，电杆离中心 8m 处被设定为最远点。这个距离规定了绝缘斗臂车在水平方向上的有效作业半径。在这个半径范围内，绝缘斗臂车能够安全地将绝缘斗伸展到电杆附近进行作业操作。

2.2.2.1.2　作业高度限制

斗臂车作业范围最高为 11m，如图 2-8 所示。这一高度限制考虑了车辆的臂架结构、绝缘性能以及作业安全性等多方面因素。较高的作业高度意味着更大的操作风险，例如在高处作业时，受到风力、设备稳定性等因素的影响更为显著。同时，考虑到 1.2m 高度的绝缘斗，这一高度也包含在整体的作业高度考量范围内。在实际作业中，绝缘斗的高度加上斗臂伸展的垂直高度不能超过 11m 的限制。

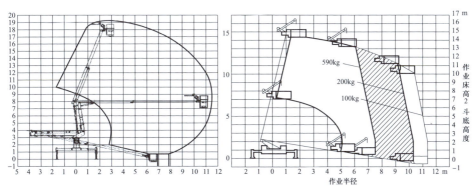

图 2-8　绝缘斗臂车作业范围

2.2.2.1.3　与周边环境的兼顾

基于上述作业范围的设定，如图 2-9 所示，也就是道路坚硬边缘离电杆 6m（由作业半径 8m 减去支腿伸出最大量 4m 的一半 2m 得到），高度为 11m 均可以采用此方法作业。这一距离关系到车辆停放位置与电杆的相对位置关系，确保在作业过程中车辆能够在合适的位置对电杆进行操作，同时避免因距离过近而影响车辆的稳定性或与电杆发生碰撞等危险情况。

图 2-9　绝缘斗臂车作业现场情况

在确定是否能够采用这种作业方法时，必须同时考虑周围的建筑和弱电线路、低压线路的架设情况。周围的建筑物可能会对绝缘斗臂车的作业空间造成限制，例如高楼大厦可能会阻挡斗臂的伸展路径或者影响车辆的停放位置。弱电线路（如通信线路、有线电视线路等）和低压线路（如 220V/380V 民用电力线路）的架设情况也需要特别关注。这些线路与绝缘斗臂车及其绝缘斗在作业时需要保持足够的安全距离，以防止发生电气干扰、误碰导致线路损坏或触电等安全事故。例如，对于弱电线路，根据相关标准可能需要保持 3m 以上的安全距离；对于低压线路，可能需要保持 1.5m 以上的安全距离，具体数值会根据不同地区的规定和实际作业情况有所调整。

2.3 装置要求

国网桐乡供电公司 20kV 常见装置有：20kV 直线杆单回路三角形排列、20kV 直线杆双回路双三角排列、20kV 直线杆双回路垂直排列分支杆和 20kV 直线杆双回路垂直排列，如图 2-10 所示。

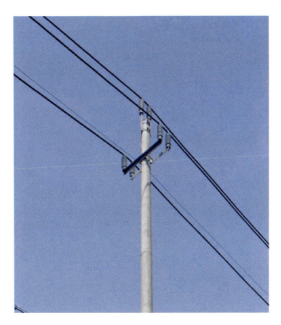

(a) 20kV 直线杆单回路三角形排列

(b) 20kV 直线杆双回路双三角排列

图 2-10 20kV 常见装置（一）

（c）20kV 直线杆双回路垂直排列分支杆

（d）20kV 直线杆双回路垂直排列

图 2-10　20kV 常见装置（二）

2.4　典型作业项目介绍

2.4.1　普通消缺及装拆附件

　　绝缘斗臂车绝缘手套作业法在电力系统的日常运维中发挥着重要作用。其中，普通消缺及装拆附件项目涵盖了多项关键任务，常用于清除异物、扶正绝缘子、修补导线及调节导线弧垂、处理绝缘导线异响、拆除退役设备、更换拉线、拆除非承力拉线；加装接地环；加装或拆除接触设备套管、故障指示器、驱鸟器等带电线路上的工作，如图 2-11 所示。

图 2-11　绝缘斗臂车绝缘手套普通消缺及装拆附件

2.4.2　带电辅助加装或拆除绝缘遮蔽

该项目主要用于线路停电工作以及线路边建房等场景下，对线路进行加装辅助绝缘遮蔽，以确保作业人员和设备的安全，保障电力系统的稳定运行，如图 2-12 所示。

图 2-12　带电辅助加装或拆除绝缘遮蔽

2.4.3　带电接引流线

该项目在业扩以及台区布点中频繁应用，主要涉及在跌落式熔断器上引线、分支线路引线以及耐张杆引流线与带电线路的搭接支出工作，如图 2-13 所示。

图 2-13　带电接引线

2.4.4　带电更换直线杆绝缘子

项目主要应用于无接地、无泄露的损坏绝缘子的带电更换场景，如图 2-14 所示。

当直线杆上的绝缘子出现损坏情况时，若不及时更换，可能会对电力系统的安全稳定运行造成严重威胁。而采用绝缘斗臂车绝缘手套作业法进行带电更换，则可以在不中断供电的情况下完成绝缘子的更换工作，极大地提高了供电可靠性。

图 2-14　带电更换直线杆绝缘子

2.4.5　带电更换熔断器

该项目主要针对无接地、无泄露的损坏熔断器进行带电更换作业,如图 2－15 所示。

图 2－15　带电更换熔断器

当熔断器出现损坏情况时,若不及时更换,可能会对电力系统的安全稳定运行造成潜在威胁。采用绝缘斗臂车绝缘手套作业法进行带电更换熔断器,可以在不中断供电的情况下完成更换工作,极大地提高了供电可靠性。

作业过程中,作业人员借助绝缘斗臂车升至合适高度,接近损坏的熔断器。由于是在带电环境下操作,这对作业人员的专业技能和安全意识提出了极高要求。他们必须严格遵守操作规程,确保与带电体保持足够的安全距离,防止发生触电事故。

2.4.6　带电组立或撤除直线电杆

该项目通常应用于线路加电杆或旧杆的拔除工作场景。

当需要在现有带电线路中增加新的电杆以优化线路布局、提高供电能力或满足新的用电需求时,带电组立直线电杆就成为关键的作业环节。如图 2－16 所示,通过采用绝缘斗臂车绝缘手套作业法,可以在不中断供电的情况下完成电杆的组立工作,最大限度地减少对用户的用电影响。

同样,在对老旧电杆进行更换或因线路改造需要拔除旧杆时,带电撤除直线电杆的作业方式也能够避免因停电施工带来的诸多不便。作业人员借助绝缘斗臂车的高度和灵活性,在确保自身安全和不影响周围带电线路正常运行的前提下，小心谨慎地进行旧杆的撤除操作。

图 2-16　带电撤除直线电杆

2.4.7　带负荷直线杆改耐张杆并加装柱上开关或隔离开关

该项目通常应用于线路改造场景，当需要将直线杆转变为耐张杆，同时加装分段开关以实现更精细的电力控制和保障系统稳定运行时，此作业方法便成为关键选择，如图 2-17 所示。

图 2-17　带负荷直线杆改耐张杆并加装柱上开关或隔离开关

在线路改造过程中，将直线杆改造成耐张杆具有重大意义。耐张杆能够更好地承受线路的张力，提高线路的稳定性和可靠性。而加装柱上开关或隔离开关，则可以在需要时对线路进行分段控制，便于故障排查和维修，减少停电范围，提高供电的连续性。

3. 履带式绝缘斗臂车绝缘手套作业法

3.1 履带式绝缘斗臂车绝缘手套作业法介绍

在履带式绝缘斗臂车绝缘手套作业法中，作业人员站在绝缘斗中，作业人员需穿戴上个人绝缘防护用具，直接接触带电体进行作业，如图 2–18 所示。这种方式要求作业人员具备高度的专业技能和安全意识，严格遵守操作规程，确保自身安全。

图 2–18　履带式绝缘斗臂车绝缘手套作业法

此时，履带式绝缘斗臂车成为带电导体与大地间的主绝缘。履带式绝缘斗臂车通常采用高强度的绝缘材料制造，能够有效地阻隔电流，防止作业人员触电。其设计和制造经过严格的测试和验证，确保在各种复杂的作业环境下都能提供可靠的绝缘性能。

相间及相与装置间主绝缘为空气间隙。空气间隙在一定程度上能够起到绝缘作用，但需要根据电压等级和作业环境进行合理的设计和控制。作业人员在操作过程中，必须时刻注意保持足够的空气间隙，避免因距离过近而引发电弧放电等安全事故。

个人绝缘防护用具以及其他绝缘遮蔽用具作为辅助绝缘，进一步增强了作业的安全性。个人绝缘防护用具包括绝缘手套、绝缘鞋、绝缘服等，这些用具能够为作业人员提供额外的保护，防止意外触电。绝缘遮蔽用具则用于对周围的带电部分进行遮蔽，防止作业过程中发生相间短路或接地故障。

总之，履带式绝缘斗臂车绝缘手套作业法是一种先进的电力作业方法，它结合了履带式绝缘斗臂车的稳定性和绝缘性能，以及作业人员的专业技能和安全意识。通过合理的设计和严格的操作管理，可以确保作业的安全、高效进行，为电力系统的稳定运行提供有力保障。

3.2 作业环境要求

3.2.1 车辆通行道路要求

3.2.1.1 道路宽度

履带式绝缘斗臂车需要通过拖车装载至目的地，因此行驶的道路宽度应在2.5m及以上，如图2-19所示。这样的宽度要求能够保证拖车及履带式绝缘斗臂车的顺利通行，避免因道路过窄而导致车辆无法通过或发生刮擦等情况。在实际作业中，作业人员应提前勘察运输路线，确保道路宽度符合要求。如果遇到道路狭窄的情况，可能需要采取临时拓宽道路或寻找其他合适路线的措施。

图2-19 绝履带式绝缘斗臂车绝缘手套作业法车辆通行道路要求

3.2.1.2　净空高度

车辆行驶净空高度 3m 内不得有障碍物存在，如图 2-19 所示。这是为了防止在运输过程中，履带式绝缘斗臂车与上方的障碍物发生碰撞，损坏车辆或造成安全事故。在选择运输路线时，要特别注意道路上方的桥梁、架空线路、广告牌等物体的高度，确保净空高度满足要求。如果发现有障碍物存在，可以采取调整路线、拆除障碍物或采取其他防护措施。

3.2.1.3　桥梁通行额定承载力

所通过的桥梁通行额定承载力大于 10t，如图 2-19 所示。由于履带式绝缘斗臂车及拖车的重量较大，对桥梁的承载能力有一定要求。在选择运输路线时，要确认所经过的桥梁能够承受车辆的重量，避免因桥梁承载能力不足而导致桥梁损坏或发生安全事故。如果桥梁的承载能力不足，可以考虑寻找其他路线或采取加固桥梁等措施。

3.2.2　履带式绝缘斗臂车作业条件的要求

3.2.2.1　自行走路况

履带式绝缘斗臂车自行走时，路况只要是坚硬的路面即可。这是因为履带式车辆在坚硬路面上能够提供良好的稳定性和通过性，确保作业的安全进行。如果遇到松软的路面，如沙地、泥泞地等，可能会导致车辆陷入其中，影响作业进度和安全。在选择作业地点时，要尽量选择坚硬的路面，如水泥路、柏油路等，如图 2-20 所示。

3.2.2.2　通过水田的措施

遇有水田时可铺工地用的模具壳子板或竹排进行通过。在一些作业现场，可能会遇到水田等特殊地形。为了确保履带式绝缘斗臂车能够顺利通过，可采用铺设模具壳子板或竹排的方法，增加车辆的通过性，如图 2-20 所示。在铺设过程中，要确保壳子板或竹排的牢固性和平整性，避免车辆在行驶过程中发生晃动或倾斜。

3.2.2.3　作业点支腿展开要求

作业点的支腿支腿展开最大量 4m，如图 2-21 所示。在作业前，需要将履带式绝缘斗臂车的支腿展开，以确保车辆的稳定性。支腿展开的最大量为 4m，这是根据车辆的结构和性能确定的。在展开支腿时，要确保支腿与地面接触牢固，避免在作业过程中发生支腿下沉或倾斜的情况。

图 2-20　履带式绝缘斗臂车停放照片

Reach Diagram

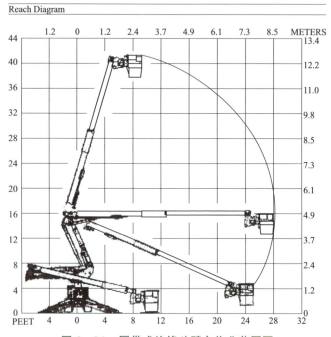

图 2-21　履带式绝缘斗臂车作业范围图

3.2.2.4 作业范围限制

以绝缘斗臂车中心为支点，斗臂车作业范围最高为 11.2m，15m 电杆为极限，如图 2-21 所示。在作业过程中，要严格遵守斗臂车的作业范围限制，避免因超出作业范围而导致车辆不稳定或发生安全事故。在进行高处作业时，要根据电杆的高度和作业需求，合理调整斗臂车的位置和高度，确保作业的安全进行。

3.3 装置要求

配电带电作业对线路装置的要求涉及多个方面，包括绝缘性能、设备选择与配合、安全载流量与保护、布线与固定、接头与连接、环境适应性以及安全距离与防护等。这些要求旨在确保配电带电作业的安全性、可靠性和经济性，提高电网的运行效率和供电质量。同时，也需要不断加强技术创新和装备研发，以适应日益增长的电力需求和不断提高的供电质量要求。配电带电作业对线路装置的要求详尽而严格，以确保作业过程的安全、高效与可靠。

3.3.1 绝缘性能要求

线路装置，包括导线、电缆及其附件，必须具备优异的绝缘性能，以满足相间和相对地的绝缘要求。绝缘材料应能承受系统电压的长期作用，并在短路电流通过时保持足够的绝缘强度，防止击穿或短路事故的发生。

3.3.2 设备选择与配合

导线、电缆及其附件的选择需综合考虑长期工作允许电流、机械强度、线路电压降以及环境因素等多方面因素。同时，它们必须与断路器、熔断器等保护设备紧密配合，以确保在故障情况下能够迅速切断电流，保护线路和设备的安全。

3.3.3 安全载流量与保护

导线的安全载流量是确保线路稳定运行的关键。它必须满足负载要求，并能在发生过负荷或短路时，通过熔断器或断路器的动作起到保护作用。此外，还应考虑导线的热稳定性，以防止因过热而引发事故。

3.3.4 布线与固定

布线应合理规划，确保导线走向清晰、安装牢固，便于后续的维修和检查。导线与绝缘子的固定应采用可靠的连接方式，以防止导线脱落或摆动，确保线路的稳定性和安全性。

3.3.5 接头与连接

导线接头的位置应避开绝缘子固定处，以减少接头对绝缘性能的影响。接头的数量应尽量减少，以降低故障发生的概率。同时，接头的连接应符合相关规范要求，确保连接的可靠性和安全性。对于铜导线与铝导线的连接，应采取必要的防腐措施，以防止因电化学腐蚀而导致的接头失效。

3.3.6 环境适应性

线路装置应能适应不同的环境条件，如潮湿、腐蚀、易燃易爆等。在特殊环境中，应采取相应的防护措施，如使用防腐导线、防爆电器等，以确保线路装置的安全运行。

3.3.7 安全距离与防护

线路装置之间以及线路装置与周围物体之间应保持足够的安全距离，以防止因距离不足而引发放电或短路等事故。同时，在跨越铁路、公路等特殊地段时，应加强防护，如设置防护网、警示标志等，以确保行人和车辆的安全。

3.3.8 接地装置

接地装置应完整无损，接地电阻应符合要求，以确保在雷击时能够将雷电流迅速引入大地，保护线路和设备的安全。

3.4 典型作业项目介绍

3.4.1 接跌落式熔断器上引线

该项目通常在业扩以及台区布点等工作场景中被广泛采用，主要用于将支出跌落式熔断器上引线搭接至带电线路上，如图 2-22 所示。

图 2-22　履带式绝缘斗臂车接跌落式熔断器上引线

3.4.2　带负荷更换跌落式熔断器

这一项目主要应用场景为对线路架空导线所连接的跌落式熔断器进行高效、安全的更换，如图 2-23 所示。通过运用这种专业的作业方法，可以在不停电的情况下完成对跌落式熔断器的更换工作，极大地提高了供电的可靠性和稳定性，减少了因停电给用户带来的不便和损失。同时，履带式绝缘斗臂车的使用，为作业人员提供了更加稳定和安全的工作平台，确保了作业过程的顺利进行。绝缘手套作业法则能够有效地保障作业人员的人身安全，防止触电事故的发生。

图 2-23　履带式绝缘斗臂车带负荷更换跌落式熔断

第三章　20kV 综合不停电作业典型案例

综合不停电作业是运用绝缘杆作业法、绝缘手套作业法通过旁路设备、发电车临时供电等措施有机结合起来，形成的一个无电作业区域，从而减小线路停电范围或不停电，保证系统的供电可靠性。

1. 不停电更换 20kV 线路柱上变压器

通过不停电作业或短时停电的方式带负荷更换柱上变压器是提高供电可靠性的重要手段。常见方法有使用应急电源车（发电车）或负荷转移车（移动箱变车）两种。

1.1　应急发电车短时停电作业更换变压器（发电车作业法）

本次作业使用发电车进行负荷转供，因此对用户而言有 2 次 1min 以内的短时停电，基本不影响正常用电。发电车容量需大于被更换变压器容量，如图 3-1 所示。

图 3-1　应急发电车短时停电作业更换变压器作业现场图（一）

图 3-1 应急发电车短时停电作业更换变压器作业现场图（二）

🌐 **施工方案案例：**

应急电源车短时停电作业更换 20kV 上市 941 线新浜支线
3 号杆新浜台区配电变压器及跌落式熔断器

1. 组织措施

（1）切实做好现场勘查工作。

（2）严格执行工作票制度，制订完善的标准化作业指导书。

（3）工程涉及线路重合闸停用，应由调度进行工作许可，严禁约时停用和恢复重合闸。

（4）严格执行工作监护制度，工作现场设置专责监护人。

（5）严把施工质量关，确认施工质量和工艺确无问题，再进行工作终结和回报。

2. 技术措施

（1）停用上市 941 线线路重合闸。

（2）做好严密的绝缘遮蔽措施，相间和相对地之间保持规定的安全距离。

（3）认真做好工器具现场检查和绝缘检测工作。

（4）作业前进行验电，明确带电部位和应遮蔽部位。

（5）作业人员穿戴全套个人绝缘防护用具（绝缘披肩、绝缘手套、绝缘鞋、绝缘帽)。

(6) 作业点周围装设围栏和警示牌。

(7) 班组负责人要在班组内部层层交底,通过实施技术交底,以保证技术责任落实,技术管理体系正常运转,技术工作按标准和要求运行。

3. 作业条件

(1) 变压器实际负载(包括变动范围)应小于发电车实际输出功率。

(2) 低压用户为待更换变压器单独供电,无变压器并联运行情况。

(3) 变压器所供低压用户无自备电源,低压回路无带备自投投切装置的后备电源。

(4) 低压用户中无因短时停电而造成生产设备损坏、商品报废等经济损失的用户。

(5) 工作环境开阔,适宜工作地带围栏封闭,方便停放绝缘斗臂车、应急发电车、吊车。

4. 其他注意事项

(1) 参加现场工作的全体工作人员必须服从现场项目负责人的统一指挥和安排,严格执行"三交三查"制度、工作票制度、工作许可制度、工作监护制度,并履行必要的手续,责任落实到人,严防工作中的习惯性违章现象,确保工作安全、顺利进行。

(2) 使用吊车时,注意吊臂与高低压带电部位的安全距离均保持 1m 以上。

(3) 对外来参加工作的协作民工等,在工作前需进行行业安全思想教育和现场交底并履行必要的手续,明确其责任,在工作中设专人监护。

(4) 坚持文明施工。施工现场设备、材料、工器具应定置,收工应做到"工完、料尽、场地清",工作现场禁止吸游烟。

5. 作业流程图及现场示意图

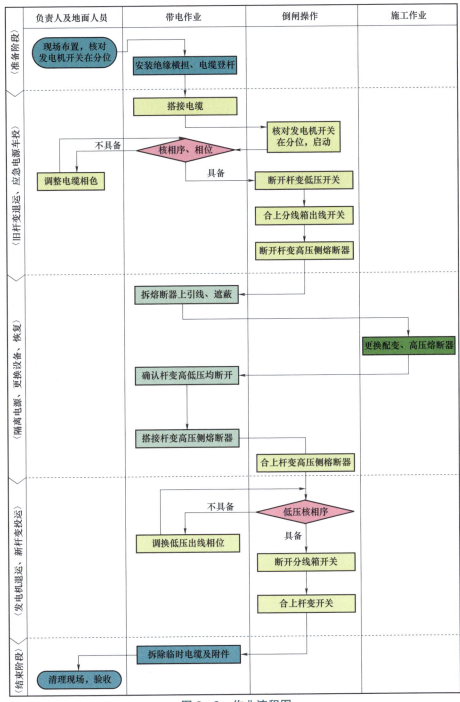

图 3-2　作业流程图

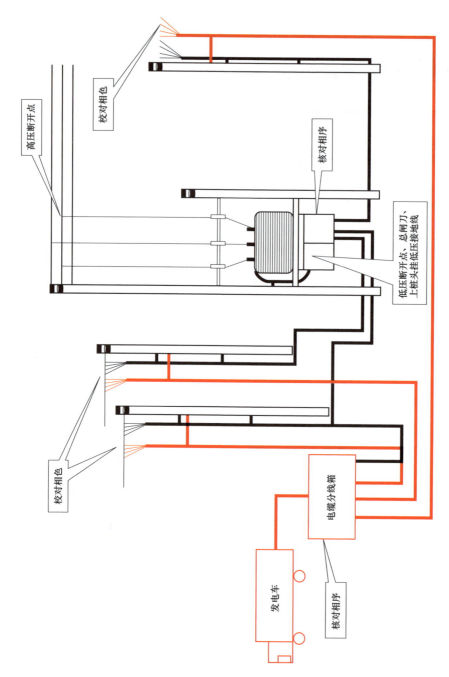

高压断开点

核对相色

核对相序

低压断开点、总闸刀、上桩头挂低压接地线

核对相色

电缆分线箱

发电车

核对相序

图 3-3　作业现场示意图

作业指导案例 1:

应急发电车短时停电作业更换 20kV 上市 941 线新浜支线 3 号杆新浜台区配电变压器及跌落式熔断器作业

1. 人员要求及职能分工情况

（1）本项目共需要 14 人，作业人员要求如下：

1）工作负责人（监护人）1 人，应具有 3 年以上的配电带电作业实际工作经验，熟悉设备状况，具有一定组织能力和事故处理能力，并经工作负责人的专门培训，考试合格。

2）带电作业小组负责人 2 人，应具有配电带电作业实际工作经验，熟悉设备状况，具有一定组织能力和事故处理能力，并经工作负责人的专门培训，考试合格。

3）斗内作业人员 4 人，应通过配电线路带电作业专项培训，考试合格并持有上岗证。

4）其他施工作业人员 6 人，应通过配电线路专项培训，考试合格并持有上岗证。

5）吊车操作工 1 人，应通过铲车操作专项培训，考试合格并持有上岗证。

（2）职能分工。作业人员分为 5 组：

1）负责人：工作负责人（监护人）。

2）1 号车带电作业组海伦哲（爱知）：1 号车带电作业小组负责人（监护人）；1 号车斗内作业人员；1 号车斗内作业人员。

3）2 号车带电作业组海伦哲（海伦哲）：2 号车带电作业小组负责人（监护人）；2 号车斗内作业人员；2 号车斗内作业人员。

4）应急电源组：发电车负责人；发电车操作人员。

5）施工作业组变压器施工负责人（兼倒闸操作）：变压器施工作业人员（兼倒闸操作）；变压器施工作业人员；变压器施工作业人员；吊车操作工。

2. 工器具

领用绝缘工器具应核对工器具的使用电压等级和试验周期，并应检查外观完好无损。

工器具运输，应存放在工具袋或工具箱内；金属工具和绝缘工器具应分开装运。

（1）装备：2 辆绝缘斗臂车；1 辆应急发电车并带配套工具；1 辆吊车并带卸扣、绳套等。

（2）个人安全防护用具：7 顶绝缘安全帽；3 双绝缘手套（20kV，1 双为地面电工验电、挂设接地线用）；3 双防护手套；2 件绝缘披肩（20kV）；2 副斗内绝缘安全带；2 副护目镜；8 顶普通安全帽。

（3）绝缘遮蔽用具：14 块绝缘毯；30 只绝缘夹；16 根导线遮蔽罩。

（4）绝缘工具：1 根绝缘吊绳；1 副令可棒；1 架绝缘梯（3m，地面电工操作杆上变压器低压配电箱用）。

（5）临时电源系统设备：1 台低压电缆分线箱；两根 15m 的低压电缆（VV－1 4×354×35，发电车临时电源低压电缆）；35m 的低压电缆（VV－1 4×35，发电车临时电源低压电缆）。

（6）仪器仪表：1 支高压验电器（20kV）；1 支低压验电器（0.4kV）；1 只绝缘电阻检测仪（2500V）；1 只风速仪；1 只温、湿度计；1 只相序表（0.4kV）；1 只万用表；2 部对讲机。

（7）其他工具：1 块防潮苫布（3m×3m）；1 把剥皮器；1 套个人常用工具；若干副安全遮栏、安全围绳；1 块标示牌（"从此进出！"）；2 块标示牌（"在此工作！"）；1 块标示牌（"禁止合闸，线路有人工作！"）；2 块路障（"前方施工，车辆慢行"）；若干块干燥清洁布；1 块绝缘垫。

（8）材料：1 台变压器（附产品合格证、试验合格证）；1 组熔断器（附产品合格证、试验合格证）；15 只铝接线端子；30 只异型并沟线夹；若干根螺丝（M10×35）。

3. 作业程序

（1）开工准备。

1）现场复勘：工作负责人来到作业现场，仔细核对工作线路的双重命名以及杆号，确保准确无误。接着，工作负责人对作业环境进行全面检查，是否符合作业要求。其一，查看地面是否平整结实；其二，测量地面坡度，地面坡度不大于 7°，如图 3－4 所示。

图3-4　作业现场

随后，工作负责人对线路装置进行检查，是否具备带电作业条件。一方面，作业电杆杆根、埋深、杆身质量；另一方面，变压器容量应小于等于移动箱变车的变压器容量。

工作负责人关注气象条件，是否符合带电作业要求。首先，天气应晴好，无雷、雨、雪、雾等恶劣天气状况；其次，测量风力大小，风力不大于5级；最后，检测空气相对湿度，其不大于80%。

最后，工作负责人认真检查工作票所列安全措施，根据实际情况，必要时在工作票上补充安全技术措施。

2）执行工作许可制度：工作负责人与调度部门联系，确认作业线路的重合闸已退出，工作负责人在工作票上郑重签字。

3）召开现场站班会：工作负责人宣读工作票；工作负责人检查工作班组成员精神状态、交代工作任务进行分工、交代工作中的安全措施和技术措施；工作负责人检查班组各成员对工作任务分工、安全措施和技术措施是否明确；班组各成员在工作票和作业指导书上签名确认。

4）停放移动箱变车：驾驶员将移动箱变车停放到适当位置。

首先，停放的位置应便于搭接高、低压柔性电缆和箱变车接地装置接地；接着，不应正对变压器台架，应给绝缘斗臂车或吊车（注，由于现场空间的原因，吊车暂不进入作业位置）预留作业空间；最后，移动箱变车应顺线路停放，支腿支放正确。

5）停放绝缘斗臂车：斗臂车驾驶员将绝缘斗臂车停放到适当位置。① 停放的位置应便于绝缘斗臂车的绝缘斗能够顺利达到作业位置，同时要避开附近的电力线和各类障碍物。此外，还需保证作业时绝缘斗臂车的绝缘臂具有有效的绝缘长度。② 停放位置的坡度不得大于 7°，且绝缘斗臂车应顺线路停放。

斗臂车操作人员支放绝缘斗臂车支腿时需注意以下几点：首先，支腿不应支放在沟道盖板上。其次，在软土地面应使用垫块或枕木进行支撑，垫放时垫板重叠不超过 2 块，且呈 45°角。再者，支撑应到位，使车辆前后、左右呈水平状态。对于"H"型支腿的车型，水平支腿应全部伸出，确保整车支腿受力，使车轮离地。

最后，斗臂车操作人员需将绝缘斗臂车可靠接地。

6）布置工作现场：工作负责人组织班组成员设置工作现场的安全围栏、安全警示标志。首先，安全围栏的范围应考虑作业中高空坠落和高空落物的影响以及道路交通，必要时联系交通部门。其次，围栏的出入口应设置合理。再者，警示标示应包括"从此进出""在此工作"等，道路两侧应有"车辆慢行"标示或路障。

班组成员按要求将绝缘工器具放在防潮苦布上。其一，防潮苦布应清洁、干燥。其二，工器具应按定置管理要求分类摆放。其三，绝缘工器具不能与金属工具、材料混放。

7）工作负责人组织班组成员检查工器具：班组成员逐件对绝缘工器具进行外观检查。首先，检查人员应戴清洁、干燥的手套。接着，绝缘工具表面不应磨损、变形损坏，操作应灵活。同时，个人安全防护用具和遮蔽、隔离用具应无针孔、砂眼、裂纹。此外，检查斗内专用绝缘安全带外观，并作冲击试验。

班组成员使用绝缘电阻检测仪分段检测绝缘工具的表面绝缘电阻值。其一，测量电极应符合规程要求，极宽为 2cm、极间距为 2cm。其二，正确使用绝缘电阻检测仪，先进行自检，确保检测仪自身功能正常，然后进行测量。在测量过程中，应采用点测的方法，不应使电极在绝缘工具表面滑动。其三，绝缘电阻值不得低于 700MΩ。

绝缘工器具检查完毕后，班组成员向工作负责人汇报检查结果。

8）检查绝缘斗臂车：斗内电工检查绝缘斗臂车表面状况：绝缘斗、绝缘臂应清洁、无裂纹损伤。接着，斗内电工进行试操作绝缘斗臂车。试操作应在空斗状态下进行。试操作应充分，有回转、升降、伸缩的过程。确认液压、机械、电气系统正常可靠、制动装置可靠。

绝缘斗臂车检查和试操作完毕后，斗内电工向工作负责人汇报检查结果。

9）检查（新）变压器及开关箱：地面电工对（新）变压器进行全面检查。首先，清洁瓷件，并作表面检查，瓷件表面应光滑，无麻点、裂痕等。接着，清洁本体，无渗漏油现象。然后，核对产品合格证、试验合格证，记录铭牌参数。检测完毕，向工作负责人汇报检测结果。

10）斗内电工进入绝缘斗臂车绝缘斗：斗内电工首先穿戴好全套的个人安全防护用具。其中，个人安全防护用具包括绝缘帽、绝缘服、绝缘裤、绝缘手套（戴防穿刺手套）、绝缘鞋（套鞋）等。工作负责人应检查斗内电工个人防护用具的穿戴是否正确。接着，斗内电工携带工器具进入绝缘斗。工器具应分类放置在工具袋中。同时，工器具的金属部分不准超出绝缘斗沿面。此外，工具和人员重量不得超过绝缘斗额定载荷。最后，斗内电工将斗内专用绝缘安全带系挂在斗内专用挂钩上。

（2）作业过程。

1）应急发电车接入前的准备：地面电工依据杆上变压器的型号以及分接开关位置等关键信息，有条不紊地做好应急发电车接入前的各项准备工作以及其他地面任务。

首先，仔细检查发电车的油位是否处于正常状态。

接着，将应急发电车接地装置牢固接地。

然后，将低压电缆接入到应急发电车的低压开关出线侧，在接入过程中，务必确保电缆接入的相色标志与开关处的相色标志一致。

最后，认真检查确认应急发电车的低压开关均应在断开位置，且无接地情况。

2）临时电源低压电缆敷设：获得工作负责人的许可后，1 号/2 号带电作业组配合将三路临时电源低压电缆敷设完毕，一头接入低压电缆分线箱。

作业人员应听从工作负责人统一指挥，密切配合，临时电源低压电缆不得非正常受力。整个施放过程，电缆不得与地面或其他硬物摩擦；施放电缆时，临时电源低压电缆放线工应对电缆进行表面检查，是否有明显破损现象。

3）进入带电作业区域：在获得工作负责人的许可后，1 号/2 号带电作业组的斗内电工开始操作绝缘斗臂车，谨慎地进入带电作业区域。在此过程中，必须确保绝缘斗的移动平稳匀速，如图 3-5 所示。

图 3-5　斗内电工进入绝缘斗臂车绝缘斗作业

首先，进入带电作业区域时应无大幅晃动现象。

其次，严格控制绝缘斗下降、上升的速度，使其不超过 0.5m/s。

再者，绝缘斗边沿的最大线速度也不应超过 0.5m/s。

在转移绝缘斗时，斗内电工需高度注意绝缘斗臂车周围的杆塔、线路等情况。绝缘臂的金属部位与带电体和地电位物体的距离大于 1.0m。

最后，当进入带电作业区域作业后，绝缘斗臂车绝缘臂的有效绝缘长度不应小于 1.0m。

4）2 号带电作业组设置新浜台区新浜干线 1 号杆低压架空线路绝缘遮蔽隔离措施（可与步骤 6 同时开始）：

在获得工作负责人的许可后，2 号带电作业组的斗内作业人员小心地转移绝缘斗至低压架空线路的合适工作位置。随后，按照"由近到远"的原则对低压架空线路进行绝缘遮蔽隔离。

首先，明确遮蔽部位为挂接低压电缆时可能触及的异电位。

其次，当对处于中间位置的导线设置绝缘遮蔽隔离措施时，作业人员应处于已遮蔽相和待遮蔽相的下方。

最后，确保绝缘遮蔽隔离措施应严密、牢固。

5）2 号带电作业组挂接新浜台区新浜干线 1 号杆临时电源低压电缆：

获得工作负责人的许可后，2 号带电作业组斗内电工转移绝缘斗至低压架空线路的合适工作位置，按照"由远及近"的顺序逐相移开挂接点的绝缘遮蔽隔离措施，挂接好临时电源低压电缆，并恢复和补充挂接点的绝缘遮蔽隔离措施。应注意：

其一，电缆接头与低压架空线逐相核相，一相完成核相后应迅速搭接并恢复遮蔽。

其二，应特别注意电缆挂接头的相色标志与架空线路的相色标志一致。

其三，接头应紧固，且不应受扭力。

6）1 号带电作业组设置新浜台区新村干线 1 号杆低压架空线路绝缘遮蔽隔离措施（可与步骤 4 同时开始）：

在获得工作负责人的许可后，1 号带电作业组的斗内作业人员小心地转移绝缘斗至低压架空线路的合适工作位置。接着，按照"由近到远"的原则对低压架空线路进行绝缘遮蔽隔离。

首先，明确遮蔽部位为挂接低压电缆时可能触及的异电位。

其次，当对处于中间位置的导线设置绝缘遮蔽隔离措施时，作业人员应处于已遮蔽相和待遮蔽相的下方。

最后，确保绝缘遮蔽隔离措施应严密、牢固。

7）1 号带电作业组挂接新浜台区新村干线 1 号杆临时电源低压电缆：

在获得工作负责人的许可后，1 号带电作业组斗内电工将绝缘斗转移至低压架空线路的合适工作位置。随后，按照"由远及近"的顺序逐相移开挂接点的绝缘遮蔽隔离措施，开始挂接临时电源低压电缆。挂接完成后，要及时恢复和补充挂接点的绝缘遮蔽隔离措施，确保作业安全。应注意以下几点：

其一，电缆接头与低压架空线逐相核相，一相完成核相后应迅速搭接并恢复遮蔽。

其二，应特别注意电缆挂接头的相色标志与架空线路的相色标志一致。

其三，接头应紧固，且不应受扭力。

8）1 号带电作业组设置新浜台区村委会干线 1 号杆低压架空线路绝缘遮蔽隔离措施：

获得工作负责人的许可后，1 号带电作业组斗内作业人员转移绝缘斗至低压架空线路合适工作位置，按照相同的方法设置绝缘遮蔽隔离措施。

9）1 号带电作业组挂接新浜台区村委会干线 1 号杆临时电源低压电缆：

获得工作负责人的许可后，1 号带电作业组斗内电工转移绝缘斗至低压架空线路的合适工作位置，按照相同的方法，挂接好临时电源低压电缆，并恢复和补充挂接点的绝缘遮蔽隔离措施。

10）倒闸操作，接入应急发电车，退出杆上变压器：

倒闸操作时应注意以下几点：

首先，明确倒闸操作人员分工。应急发电车、杆上变压器低压配电箱及高压跌落式熔断器的操作由一人执行，一人监护。

其次，倒闸操作时工作负责人与操作人员之间应采用复诵制度。

再者，在操作时，绝缘梯应架设牢固稳定，应设专人扶梯。

同时，在操作时，应戴绝缘手套。在操作跌落式熔断器时，应使用令克棒，且令克棒的有效绝缘长度应≮0.8m。

最后，在操作时，斗内电工应撤出有电区域。倒闸操作流程见附录 A。

11）2 号带电作业组拆除杆变高压侧引线：

获得工作负责人的许可后，2 号带电作业组斗内电工控制绝缘斗臂车绝缘斗到达跌落式熔断器上桩头部位合适的工作位置，补充绝缘遮蔽隔离措施，拆除跌落式熔断器上引线，并做好遮蔽。

其一，绝缘斗臂车绝缘臂有效绝缘长度不应小于 1.0m。

其二，斗内电工在设置高压绝缘遮蔽隔离措施时，动作应轻缓。同时，应保持足够安全距离，相对地距离为 0.5m，相间距离为 0.7m。

其三，绝缘遮蔽隔离措施应严密、牢固。此外，绝缘遮蔽组合的重叠距离不得小于 20cm。

12）更换杆上变压器及跌落式熔断器：

首先，绝缘斗臂车操作人员将绝缘臂复位，收起支腿，暂时撤出施工现场。

获得工作负责人的许可后，变压器施工人员登杆逐相拆除变压器高低压出

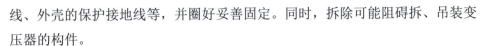

线、外壳的保护接地线等，并圈好妥善固定。同时，拆除可能阻碍拆、吊装变压器的构件。

接着，铲车进入施工现场，停留于最佳起铲位置。

在工作负责人的指挥下，吊车操作工和地面电工等开始更换柱上变压器和跌落式熔断器。作业中应注意以下几点：

其一，吊车操作工应听从施工作业组小组负责人的指挥。

其二，吊车应与作业装置带电部位保持一定的距离（≥1.0m）。

其三，在拆除旧变压器时，应先使变压器轻微受力后，才能全部拆除杆上变压器的底脚螺丝；反之，在安装新变压器时，待全部紧固变压器底脚螺丝后才能撤除吊车。变压器拆、装转移应使用绳索固定牢固。

其四，吊点应合适，在起上、下装过程中，地面电工应对变压器进行监护。

其五，配合人员不应站在吊车起吊重物下方，并应注意防止重物打击。

其六，新变压器朝向应正确，水平倾斜不大于台架根开的1/100。

其七，新旧变压器相色标记一致，新旧开关箱内相位接线一致。

在工作负责人的监护下，逐相安装变压器高低压出线、外壳的保护接地线等。变压器的安装工艺应符合以下要求：变压器一、二次引线排列整齐、绑扎牢固；变压器外壳干净；接地可靠，应用接地电阻测试仪测试接地电阻值符合规定；套管压线螺栓等部件齐全。

最后，绝缘斗臂车进入施工现场，停放在最佳工作位置，支放好支腿，整车接地。

13）2 号带电作业组恢复杆变高压侧引线：获得工作负责人的许可后，2 号带电作业组斗内电工控制绝缘斗臂车绝缘斗到达跌落式熔断器上桩头部位合适的工作位置，补充绝缘遮蔽隔离措施，恢复跌落式熔断器上引线，并做好遮蔽。

其一，绝缘斗臂车绝缘臂有效绝缘长度不应小于 1.0m。

其二，斗内电工在设置高压绝缘遮蔽隔离措施时，动作应轻缓。同时，要保持足够安全距离，相对地距离为 0.5m，相间距离为 0.7m。

其三，绝缘遮蔽隔离措施应严密、牢固。此外，绝缘遮蔽组合的重叠距离不得小于 20cm。

14）倒闸操作，接入杆上变压器，退出应急发电车：

倒闸操作的注意事项与"接入应急发电车，退出杆上变压器"时相同。倒闸操作流程见附录 B。

15）2 号带电作业组撤除新浜台区新浜干线 1 号杆临时电源低压电缆（可与步骤 18 同时开始）：

获得工作负责人的许可后，2 号带电作业组斗内电工转移绝缘斗至新浜台区新浜干线 1 号杆低压架空线路的合适工作位置，按照"从近到远"的顺序逐相拆除临时电源低压电缆，并恢复挂接点的绝缘遮蔽隔离措施。注意事项与撤除主电源低压电缆相同。

16）2 号带电作业组撤除新浜台区新浜干线 1 号杆低压架空线路绝缘遮蔽隔离措施：获得工作负责人的许可后，2 号带电作业组斗内作业人员转移绝缘斗至新浜台区新浜干线 1 号杆低压架空线路合适工作位置，按照"从远到近"的原则依次拆除低压架空线路的绝缘遮蔽隔离措施。

17）2 号带电作业组斗臂车撤离工作区域：2 号带电作业组斗内电工撤出带电作业区域。

撤出带电作业区域时：应无大幅晃动现象；绝缘斗下降、上升的速度不应超过 0.5m/s；绝缘斗边沿的最大线速度不应超过 0.5m/s；转移绝缘斗时应注意绝缘斗臂车周围杆塔、线路等情况，绝缘臂的金属部位与带电体和地电位物体的距离大于 1.0m。

18）1 号带电作业组撤除新浜台区村委会干线 1 号杆临时电源低压电缆（可与步骤 15 同时开始）：获得工作负责人的许可后，1 号带电作业组斗内电工转移绝缘斗至新浜台区村委会干线 1 号杆低压架空线路的合适工作位置，按照"从近到远"的顺序逐相拆除临时电源低压电缆，并恢复挂接点的绝缘遮蔽隔离措施。注意事项与撤除主电源低压电缆相同。

19）1 号带电作业组撤除新浜台区村委会干线 1 号杆低压架空线路绝缘遮蔽隔离措施：获得工作负责人的许可后，1 号带电作业组斗内作业人员转移绝缘斗至新浜台区村委会干线 1 号杆低压架空线路合适工作位置，按照"从远到近"的原则依次拆除低压架空线路的绝缘遮蔽隔离措施。

20）1 号带电作业组撤除新浜台区新村干线 1 号杆临时电源低压电缆：获得工作负责人的许可后，1 号带电作业组斗内电工转移绝缘斗至新浜台区新村干线 1 号杆低压架空线路的合适工作位置，按照"从近到远"的顺序逐相拆除临时电源低压电缆，并恢复挂接点的绝缘遮蔽隔离措施。注意事项与撤除主电源低压电缆相同。

21）1 号带电作业组撤除新浜台区新村干线 1 号杆低压架空线路绝缘遮蔽隔离措施：获得工作负责人的许可后，1 号带电作业组斗内作业人员转移绝缘斗至新浜台区新村干线 1 号杆低压架空线路合适工作位置，按照"从远到近"的原则依次拆除低压架空线路的绝缘遮蔽隔离措施。

22）1 号带电作业组斗臂车撤离工作区域：1 号带电作业组斗内电工撤出带电作业区域。

撤出带电作业区域时：应无大幅晃动现象；绝缘斗下降、上升的速度不应超过 0.5m/s；绝缘斗边沿的最大线速度不应超过 0.5m/s；转移绝缘斗时应注意绝缘斗臂车周围杆塔、线路等情况，绝缘臂的金属部位与带电体和地电位物体的距离大于 1.0m。

23）收回低压电缆：获得工作负责人的许可后，1 号/2 号带电作业组配合将三路低压电缆收回。注意事项与敷设相同。

作业人员应听从工作负责人统一指挥，密切配合，电缆不得非正常受力。整个收回过程，电缆不得与地面或其他硬物摩擦；收回电缆时，电缆放线工应对电缆进行表面检查，是否有明显破损现象。

24）工作验收：1 号 2 号带电作业组检查施工质量：杆上无遗漏物；装置无缺陷符合运行条件；向工作负责人汇报施工质量。

4. 工作结束

（1）工作负责人组织班组成员清理工具和现场。

1）绝缘斗臂车各部件复位，收回绝缘斗臂车支腿。

2）工作负责人组织班组成员整理工具、材料。将工器具清洁后放入专用的箱（袋）中。清理现场，做到"工完、料尽、场地清"。

（2）工作负责人召开收工会。工作负责人组织召开现场收工会，作工作总结和点评工作：正确点评本项工作的施工质量；点评班组成员在作业中的安全措施的落实情况；点评班组成员对规程的执行情况。

（3）办理工作终结手续。工作负责人向调度汇报工作结束，并终结工作票。

5. 验收记录

（1）记录检修中发现的问题。

（2）存在问题及处理意见。

6. 现场标准化作业指导书执行情况评估

（1）评估内容：符合性（优、良）；可操作项与不可操作项；可操作性（优、良）；修改项；遗漏项。

（2）存在问题。

（3）改进意见。

7. 附录（见附录 A、附录 B）

附录 A　倒闸操作流程（接入应急发电车、退出杆上变压器）

序号	操作任务	操作步骤
1	检查状态	检查临时电源系统低压电缆分线箱出线开关及低压总闸刀确在断开位置
2	发电车投运	启动发电机
3		合上发电机出线开关
4	核对相序	核对临时电源系统低压电缆分线箱出线开关侧电源与总闸刀电源的相序无误
5	新浜台区低压侧改冷备用	打开新浜台区变压器低压配电箱箱门，拉低压总保
6		检查新浜台区低压确保在断开位置
7		拉开新浜台区低压总闸刀，并检查确在断开位置
8		拉开新浜台区新村干线低压出线开关，并检查
9		拉开新浜台区新浜干线低压出线开关，并检查
10		拉开新浜台区村委会干线低压出线开关，并检查
11	移动电源接入低压线路	对临时电源系统低压电缆分线箱各路出线开关桩头进行验电，确认无电
12		合上临时电源系统电缆分线箱总闸刀，并检查确在合上位置
13		合上临时电源系统电缆分线箱村委会干线低压出线开关，并检查
14		合上临时电源系统电缆分线箱新村干线低压出线开关，并检查
15		合上临时电源系统电缆分线箱新浜干线低压出线开关，并检查

续表

序号	操作任务	操作步骤
16		拉开新浜台区变压器高压侧中间相跌落式熔断器
17		拉开新浜台区变压器高压侧下风相跌落式熔断器
18	新浜台区退出运行	拉开新浜台区变压器高压侧上风相跌落式熔断器
19		取下三相跌落式熔断器熔管
20		对新浜台区低压总闸刀上桩头进行验电，确认无电
21		在新浜台区低压总闸刀上桩头挂设低压接地线
22		挂好"禁止合闸，线路有人工作！"标识牌，关上新浜台区低压配电箱箱门

附录 B　倒闸操作流程（接入杆上变压器、退出应急发电车变）

序号	操作任务	操作步骤
1		打开新浜台区低压配电箱箱门，取下"禁止合闸，线路有人工作！"标识牌
2		拆除新浜台区低压总闸刀上桩头低压接地线
3	新浜台区投运	挂上新浜台区变压器高压侧三相跌落式熔断器熔管
4		合上新浜台区变压器高压侧上风相跌落式熔断器，并检查
5		合上新浜台区变压器高压侧下风相跌落式熔断器，并检查
6		合上新浜台区变压器高压侧中相跌落式熔断器，并检查
7	核对相序	在新浜台区低压总闸刀上桩头及各出线开关侧核对相序，确认相序正确
8		断开临时电源系统电缆分线箱新浜干线低压出线开关，并检查
9	退出移动电源	断开临时电源系统电缆分线箱新村干线低压出线开关，并检查
10		断开临时电源系统电缆分线箱村委会干线低压出线开关，并检查
11		断开临时电源系统电缆分线箱总闸刀，并检查确在断开位置
12		用低压验电器对新浜台区各路低压出线开关桩头进行验电，确认无电
13		检查新浜台区低压总保在断开位置
14		合上新浜台区低压总闸刀，并检查确在合上位置
15	新浜台区低压侧改运行状态	合上新浜台区低压总保
16		检查新浜台区低压总保确在合上位置
17		合上新浜台区村委会干线低压出线开关，并检查
18		合上新浜台区新浜干线低压出线开关，并检查
19		合上新浜台区新村干线低压出线开关，并检查
20	发电车停役	断开发电机出线开关
21		关闭发电机

1.2 综合不停电作业更换变压器（移动箱变车作业法）

本次作业使用移动箱变车进行负荷转供，由于新、旧变压器的接线组别不同，因此对用户而言只有一次 1 分钟以内的短时停电，基本不影响正常用电，如图 3-6 所示。

图 3-6　移动箱变车作业法更换变压器作业现场

🌐 **作业指导案例：**

综合不停电作业更换杆上变压器更换 20kV 电机 166 线
市场路支干线 2 号杆市场路公变

1. 范围

本现场标准化作业指导书规定了综合不停电作业更换 20kV 电机 166 线市场路支线 2 号杆市场路公变的工作步骤和技术要求。

本现场标准化作业指导书适用于综合不停电作业更换 20kV 电机 166 线市场路支线 2 号杆市场路公变。

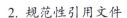

2. 规范性引用文件

下列文件对于本文件的应用是必不可少的。凡是注日期的引用文件，仅注日期的版本适用于本文件。凡是不注日期的引用文件，其最新版本（包括所有的修改单）适用于本文件。

（1）《配电线路带电作业技术导则》（GB/T 18857—2019）

（2）《10kV 配网不停电作业规范》（Q/GDW 10520—2016）

（3）《关于印发国家电网公司深入开展现场标准化作业工作指导意见的通知》（国家电网生〔2009〕190 号）

（4）《电力安全工作规程》第 8 部分：配电部分（Q/GDW 1799.8—2023）

（5）《20kV 配电线路带电作业技术规范》（DLT 2617—2023）

3. 人员组合及职能分工

本项目共需要 15 人，作业人员要求如下：

（1）工作负责人 1 人：应具有 3 年以上的配电带电作业实际工作经验，熟悉设备状况，具有一定组织能力和事故处理能力，并经工作负责人的专门培训，考试合格。

（2）专职监护人 1 人：应具有 3 年以上的配电带电作业实际工作经验，熟悉设备状况，具有一定组织能力和事故处理能力，应通过配电线路带电作业专项培训，考试合格并持有上岗证。

（3）斗内作业人员 2 人（斗内 1 号、2 号电工），应通过配电线路带电作业专项培训，考试合格并持有上岗证。

（4）地面监护人 1 人，应通过配电线路带电作业专项培训，考试合格并持有上岗证。

（5）地面电工 4 人（地面 1 号、2 号、3 号、4 号电工），应通过配电线路专项培训，考试合格并持有上岗证。

（6）杆上作业电工 5 人〔杆上 1 号电工（更换变压器负责人）；杆上 2 号、3 号、4 号电工；杆上 5 号电工（兼跌落式熔断器拉、合）〕，应通过配电线路专项培训，考试合格并持有上岗证。

（7）吊车操作工 1 人，应通过吊车操作专项培训，考试合格并持有上岗证。

4. 工器具

领用绝缘工器具应核对工器具的使用电压等级和试验周期，并应检查外观完好无损。

工器具运输，应存放在工具袋或工具箱内；金属工具和绝缘工器具应分开装运。

（1）装备：1 辆绝缘斗臂车（带小吊臂）；1 辆移动箱变车（带配套工具）；1 台小吊车。

（2）个人安全防护用具：9 顶绝缘安全帽（20kV）；3 双绝缘手套（20kV，1 双为地面电工验电、挂设接地线用）；3 双防护手套 2 件绝缘衣（20kV）；2 副斗内绝缘安全带；2 副护目镜；6 顶普通安全帽。

（3）绝缘遮蔽用具：12 块绝缘毯；若干只绝缘夹；10 根软质导线遮蔽罩；10 根导线遮蔽罩（管）；2 副绝缘横担（固定高、低压柔性电缆）。

（4）绝缘工具：1 根绝缘吊绳；6 根绝缘短绳（作为高、低压柔性电缆的防坠绳使用）；1 副令克棒。

（5）仪器仪表：1 支高压验电器（20kV）；1 支低压验电器（0.4kV）；一只绝缘电阻检测仪（2500V）；一只风速仪；一只温、湿度计；一套接地电阻测试仪；一套核相仪（0.4kV）；2 部对讲机。

（6）其他工具：① 一块防潮苫布（3m×3m）；② 2 把余缆固定架（原旁路用）（用此架后可不用③项中的绝缘横担）；③ 1 套个人常用工具；④ 1 套高压接地线（20kV）；1 套低压接地线（0.4kV）；若干副安全遮栏、安全围绳；1 块标示牌（"从此进出！"）；2 块标示牌（"在此工作！"）；1 块标示牌（"禁止合闸，线路有人工作！"）；2 块路障（"前方施工，车辆慢行"）；若干块干燥清洁布。

（7）材料：1 台变压器；（附产品合格证、试验合格证）；3 只设备线夹；6 只设备线夹绝缘罩，3 圈绝缘胶带（3M）。

5. 作业程序

（1）开工准备：

1）现场复勘：工作负责人核对工作线路的双重命名以及杆号。接着，工作负责人对作业环境进行全面检查，以确定其是否符合作业要求。其一，查看地面是否平整结实；其二，测量地面坡度是否不大于 7°。

随后，工作负责人对线路装置进行检查，判断其是否具备带电作业条件。一方面，作业电杆杆根、埋深、杆身质量；另一方面，变压器容量应小于等于移动箱变车的变压器容量。

工作负责人检查气象条件是否符合带电作业要求。首先，天气应晴好，无雷、雨、雪、雾等恶劣天气状况；其次，测量风力大小，风力不大于 5 级；最后，检测空气相对湿度，不大于 80%。

最后，工作负责人认真检查工作票所列安全措施，根据实际情况，必要时在工作票上补充安全技术措施。

2）执行工作许可制度：工作负责人与运行单位联系，确认作业线路重合闸已退出，并履行许可手续。

3）召开现场站班会：工作负责人宣读工作票；工作负责人检查工作班组成员精神状态、交代工作任务进行分工、交代工作中的安全措施和技术措施；工作负责人检查班组各成员对工作任务分工、安全措施和技术措施是否明确；班组各成员在工作票和作业指导书上签名确认。

4）停放移动箱变车：驾驶员将移动箱变车停放到适当位置：

首先，停放的位置应便于搭接高、低压柔性电缆和箱变车接地装置接地；接着，不应正对变压器台架，应给绝缘斗臂车或吊车（注，由于现场空间的原因，吊车暂不进入作业位置）预留作业空间；最后，移动箱变车应顺线路停放，支腿支放正确。

5）停放绝缘斗臂车：斗臂车驾驶员将绝缘斗臂车停放到适当位置。其一，停放的位置应便于绝缘斗臂车的绝缘斗能够顺利达到作业位置，同时要避开附近的电力线和各类障碍物。此外，还需保证作业时绝缘斗臂车的绝缘臂具有有效的绝缘长度。其二，停放位置的坡度不得大于 7°，且绝缘斗臂车应顺线路停放。

斗臂车操作人员支放绝缘斗臂车支腿时需注意以下几点：首先，支腿不应支放在沟道盖板上。其次，在软土地面应使用垫块或枕木进行支撑，垫放时垫板重叠不超过 2 块，且呈 45°角。再者，支撑应到位，使车辆前后、左右呈水平状态。对于"H"型支腿的车型，水平支腿应全部伸出，确保整车支腿受力，使车轮离地。

最后，斗臂车操作人员需将绝缘斗臂车可靠接地。

6）布置工作现场：工作负责人组织班组成员设置工作现场的安全围栏、安全警示标志。首先，安全围栏的范围应考虑作业中高空坠落和高空落物的影响以及道路交通，必要时联系交通部门。其次，围栏的出入口应设置合理。再者，警示标示应包括"从此进出""在此工作"等，道路两侧应有"车辆慢行"

标示或路障。

班组成员按要求将绝缘工器具放在防潮苫布上。其一，防潮苫布应清洁、干燥。其二，工器具应按定置管理要求分类摆放。其三，绝缘工器具不能与金属工具、材料混放。

7）工作负责人组织班组成员检查工器具：班组成员逐件对绝缘工器具进行外观检查。首先，检查人员应戴清洁、干燥的手套。接着，绝缘工具表面不应磨损、变形损坏，操作应灵活。同时，个人安全防护用具和遮蔽、隔离用具应无针孔、砂眼、裂纹。此外，检查斗内专用绝缘安全带外观，并作冲击试验。

班组成员使用绝缘电阻检测仪分段检测绝缘工具的表面绝缘电阻值。其一，测量电极应符合规程要求，极宽为 2cm、极间距为 2cm。其二，正确使用绝缘电阻检测仪，先进行自检，确保检测仪自身功能正常，然后进行测量。在测量过程中，应采用点测的方法，不应使电极在绝缘工具表面滑动。其三，绝缘电阻值不得低于 700MΩ。

绝缘工器具检查完毕后，班组成员向工作负责人汇报检查结果。

8）检查绝缘斗臂车：斗内电工检查绝缘斗臂车表面状况：绝缘斗、绝缘臂应清洁、无裂纹损伤。

接着，斗内电工进行试操作绝缘斗臂车。试操作应在空斗状态下进行。试操作应充分，有回转、升降、伸缩的过程。确认液压、机械、电气系统正常可靠、制动装置可靠。

绝缘斗臂车检查和试操作完毕后，斗内电工向工作负责人汇报检查结果。

9）检查（新）变压器及开关箱：

地面电工对（新）变压器进行全面检查。首先，清洁瓷件，并作表面检查，瓷件表面应光滑，无麻点、裂痕等。接着，清洁本体，无渗漏油现象。然后，核对产品合格证、试验合格证，记录铭牌参数。检测完毕，向工作负责人汇报检测结果。

10）斗内电工进入绝缘斗臂车绝缘斗：斗内电工首先穿戴好全套的个人安全防护用具。其中，个人安全防护用具包括绝缘帽、绝缘服、绝缘裤、绝缘手套（戴防穿刺手套）、绝缘鞋（套鞋）等。工作负责人应检查斗内电工个人防护用具的穿戴是否正确。

接着，斗内电工携带工器具进入绝缘斗。工器具应分类放置在工具袋中。

同时，工器具的金属部分不准超出绝缘斗沿面。此外，工具和人员重量不得超过绝缘斗额定载荷。最后，斗内电工将斗内专用绝缘安全带系挂在斗内专用挂钩上。

（2）作业过程。

1）进入带电作业区域。获得工作负责人的许可后，斗内电工操作绝缘斗臂车，进入带电作业区域，绝缘斗移动应平稳匀速，在进入带电作业区域时：首先，应无大幅晃动现象。其次，绝缘斗下降、上升的速度不应超过 0.5m/s。再者，绝缘斗边沿的最大线速度不应超过 0.5m/s。转移绝缘斗时应注意绝缘斗臂车周围杆塔、线路等情况，绝缘臂的金属部位与带电体和地电位物体的距离大于 1.0m。最后，进入带电作业区域作业后，绝缘斗臂车绝缘臂的有效绝缘长度不应小于 1.0m。

2）设置低压架空线路绝缘遮蔽隔离措施。获得工作负责人的许可后，斗内作业人员转移绝缘斗至低压架空线路合适工作位置，按照"由近到远"的原则对低压架空线路进行绝缘遮蔽隔离：首先，遮蔽部位为挂接低压柔性电缆时可能触及的异电位。其次在对处于中间位置的导线设置绝缘遮蔽隔离措施时，作业人员应处于已遮蔽相和待遮蔽相的下方。最后，绝缘遮蔽隔离措施应严密、牢固。

3）安装余缆支架，固定低压柔性电缆。斗内作业人员转移绝缘斗至低压电杆合适位置安装余缆支架一副，并与地面电工配合将 4 根低压柔性电缆依次吊上固定在支架上（应预留挂接所需长度）。

4）设置高压架空线路绝缘遮蔽隔离措施。获得工作负责人的许可后，斗内作业人员转移绝缘斗至高压架空线路合适工作位置，按照"由近到远"的原则或"先内边相，再外边相，最后中间相"的顺序依次对高压架空线路进行绝缘遮蔽隔离。

① 遮蔽部位为挂接高压柔性电缆时可能触及的异电位。

② 绝缘斗臂车绝缘臂有效绝缘长度不应小于 1.0m。

③ 斗内电工在设置绝缘遮蔽隔离措施时，动作应轻缓并保持足够安全距离（相对地 0.5m，相间 0.7m）。在对处于中间位置的导线设置绝缘遮蔽隔离措施时，作业人员应处于已遮蔽相和待遮蔽相的下方。

④ 绝缘遮蔽隔离措施应严密、牢固，绝缘遮蔽组合的重叠距离不得小于

20cm。

5）安装余缆支架，固定高压柔性电缆。斗内作业人员转移绝缘斗至高压电杆合适位置安装余缆支架一副，并与地面电工配合将 3 根高压柔性电缆依次吊上固定在支架上（应预留挂接所需长度）。

6）检查杆上变压器分接开关位置和铭牌参数。获得工作负责人的许可后，斗内作业人员转移绝缘斗至合适工作位置，检查杆上变压器分接开关位置。斗内电工在检查杆上变压器分接开关位置和铭牌参数时，动作应轻缓并与带电导体保持足够安全距离。

7）移动箱变车接入前的准备。地面电工根据杆上变压器的型号、分接开关位置等，做好移动箱变接入前的准备工作和其他地面工作：

首先，调整移动箱变接线组别，并确认；

其次，调整移动箱变分接开关位置，并确认；

再者，将移动箱变接地装置接地，并用接地电阻测试仪测试接地电阻应$\not>4\Omega$；

同时，将高、低压柔性电缆接入到移动箱变的高、低压开关柜中，并将电缆铠装接地接好。柔性电缆插拔式插头的相色标志应与开关插口的相色标志一致；

最后，检查确认移动箱变高低压开关均应在断开位置，接地刀闸已打开无接地。

8）挂接低压柔性电缆。获得工作负责人的许可后，斗内电工转移绝缘斗至低压架空线路的合适工作位置，按照"由远及近"的顺序逐相移开挂接点的绝缘遮蔽隔离措施，清除导线表面氧化层，挂接好低压柔性电缆，并恢复和补充挂接点的绝缘遮蔽隔离措施。应注意以下几点：

① 应注意柔性电缆挂接头的相色标志与架空线路的相色标志一致。

② 接头应紧固，不应受扭力。

9）挂接高压柔性电缆。获得工作负责人的许可后，斗内电工转移绝缘斗至高压架空线路的合适工作位置，按照"先中间相，再外边相，最后内边相"的顺序逐相移开挂接点的绝缘遮蔽隔离措施，清除导线表面氧化层，挂接好高压柔性电缆，并恢复和补充挂接点的绝缘遮蔽隔离措施。注意事项与挂接低压柔性电缆时相同。

10）倒闸操作，接入移动箱变，退出杆上变压器。

倒闸操作时应注意：

首先，倒闸操作人员分工为：移动箱变由 1 号地面电工执行，工作负责人监护；杆上变压器低压配电箱及高压跌落式熔断器的操作需经工作负责人同意后分别由各自设备管辖部门人员完成。

其次，倒闸操作时工作负责人与操作人员之间应采用复诵制度。

再者，1 号地面电工在操作时，绝缘人字梯应架设牢固稳定。

同时，1 号地面电工在操作时，应戴绝缘手套。在操作跌落式熔断器时，应使用令克棒，令克棒的有效绝缘长度应≮0.8m。

最后，在 1 号地面电工和工作负责人操作时，斗内电工应撤出有电区域。

倒闸操作流程见附录 A。

11）补充安全措施。获得工作负责人的许可后，控制绝缘斗臂车绝缘斗到 20kV 电机 166 线市场路支线 2 号杆市场路公变合适的工作位置，依次断开市场路公变跌落式熔断器上引线及 0.4kV 市场路公变 1 号杆的低压引流电缆搭头。

其一，遮蔽的部位主要是跌落式熔断器的上接线柱、上引线等部位。

其二，绝缘斗臂车绝缘臂有效绝缘长度不应小于 1.0m。

其三，斗内电工在设置绝缘遮蔽隔离措施时，动作应轻缓并保持足够安全距离（相对地 0.5m，相间 0.7m）。

其四，绝缘遮蔽隔离措施应严密、牢固，绝缘遮蔽组合的重叠距离不得小于 20cm。

其五，断低压引流电缆搭头时，应按先断相线，再断地线的顺序。

12）更换杆上变压器。

首先，绝缘斗臂车操作人员将绝缘臂复位，收起支腿，暂时撤出施工现场。

在工作负责人的监护下，杆上作业电工登上杆上变压器台架，逐相拆除变压器高低压出线、外壳的保护接地线等，并圈好妥善固定。以及拆除可能阻碍拆、吊装变压器的构件。

接着，吊车进入施工现场，停留于最佳起吊位置，支好支腿，并将吊车整车接地。

在工作负责人的指挥下，吊车操作工操作吊车和地面电工等更换柱上变压器。作业中应注意：

其一，吊车操作工应听从工作负责人的指挥。

其二，吊车的吊臂应与作业装置带电部位保持一定的距离（≥1.0m）。

其三，在拆除旧变压器时，地面电工在吊车吊索吊紧变压器后，才能全部拆除杆上变压器的底脚螺丝；反之，在吊装新变压器时，待全部紧固变压器底脚螺丝后才能解下吊车吊索。

其四，吊点应合适，在起吊、吊装过程中，地面电工应用绳索对变压器进行控制。

其五，配合人员不应站在起重臂下，并应注意防止重物打击。

其六，新变压器朝向应正确，水平倾斜不大于台架根开的 1/100。

吊车操作工收回吊车吊臂和支腿及接地线等，吊车撤出施工现场。

最后，在工作负责人的监护下，地面电工登上杆上变压器台架，逐相安装变压器高低压出线、外壳的保护接地线等。

变压器的安装工艺应符合要求：变压器一、二次引线排列整齐、绑扎牢固；变压器外壳干净接地可靠，应用接地电阻测试仪测试接地电阻值符合规定；套管压线螺栓等部件齐全。

13）补充安全措施。绝缘斗臂车进入施工现场，停放在最佳工作位置，支放好支腿，整车接地。获得工作负责人的许可后，控制绝缘斗臂车绝缘斗到 20kV 电机 166 线市场路支线 2 号杆市场路公变合适的工作位置，依次恢复市场路公变跌落式熔断器上引线及 0.4kV 市场路公变 1 号杆的低压引流电缆搭头。

14）倒闸操作，接入杆上变压器，退出移动箱变。倒闸操作的注意事项与"接入移动箱变，退出杆上变压器"时相同。倒闸操作流程见附录 B。

15）撤除移动箱变高压柔性电缆。获得工作负责人的许可后，斗内电工转移绝缘斗至高压架空线路的合适工作位置，按照"先内边相、再外边相、最后中间相"的顺序逐相拆除高压柔性电缆，并恢复挂接点的绝缘遮蔽隔离措施。应注意：

其一，对于绝缘导线，绝缘层破损处应用 3M 胶带进行绝缘补强，每圈绝缘粘带间搭压带宽的 1/2，补修后绝缘自粘带的厚度应足够。也可用绝缘护罩将绝缘层损伤部位罩好，并将开口部位用绝缘自粘带缠绕封住。

其二，地面电工应带绝缘手套，不应接触柔性电缆的金属挂接线夹，防止可能的电荷电击。

16）撤除移动箱变低压柔性电缆。获得工作负责人的许可后，斗内电工转移绝缘斗至低压架空线路的合适工作位置，按照"从近到远"的顺序逐相拆除低压柔性电缆，并恢复挂接点的绝缘遮蔽隔离措施。注意事项与撤除移动箱变高压柔性电缆同。

17）移动箱变车的复位。地面电工将移动箱变车高低压开关柜的接地闸刀接地，对变压器、高低压柔性电缆等进行充分放电，将移动箱变各部件复位。

18）撤除高压架空线路绝缘遮蔽隔离措施。获得工作负责人的许可后，斗内作业人员转移绝缘斗至高压架空线路合适工作位置，按照"从远到近"的原则或"先中间相，再外边相，最后内边相"的顺序依次拆除高压架空线路的绝缘遮蔽隔离措施。

19）撤除低压架空线路绝缘遮蔽隔离措施。获得工作负责人的许可后，斗内作业人员转移绝缘斗至高压架空线路合适工作位置，按照"从远到近"的原则依次拆除低压架空线路的绝缘遮蔽隔离措施。

20）工作验收。斗内电工撤出带电作业区域。撤出带电作业区域时：应无大幅晃动现象；绝缘斗下降、上升的速度不应超过 0.5m/s；绝缘斗边沿的最大线速度不应超过 0.5m/s；转移绝缘斗时应注意绝缘斗臂车周围杆塔、线路等情况，绝缘臂的金属部位与带电体和地电位物体的距离大于 1.0m。

斗内电工检查施工质量：杆上无遗漏物；装置无缺陷符合运行条件；向工作负责人汇报施工质量。

21）撤离杆塔。下降绝缘斗返回地面、收回绝缘臂时应注意绝缘斗臂车周围杆塔、线路等情况。

6. 工作结束

（1）工作负责人组织班组成员清理工具和现场。

1）绝缘斗臂车各部件复位，收回绝缘斗臂车支腿。

2）工作负责人组织班组成员整理工具、材料。将工器具清洁后放入专用的箱（袋）中。清理现场，做到"工完、料尽、场地清"。

（2）工作负责人召开收工会。工作负责人组织召开现场收工会，作工作总结和点评工作：

1）正确点评本项工作的施工质量。

2）点评班组成员在作业中的安全措施的落实情况。

3）点评班组成员对规程的执行情况。

（3）办理工作终结手续。工作负责人向调度汇报工作结束，并终结工作票。

7．验收记录

（1）记录检修中发现的问题。

（2）存在问题及处理意见。

8．现场标准化作业指导书执行情况评估

（1）评估内容：符合性（优、良）；可操作项与不可操作项；可操作性（优、良）；修改项；遗漏项。

（2）存在问题。

（3）改进意见。

9．附录（见附录 A、附录 B）

附录 A　倒闸操作流程（接入移动箱变、退出杆上变压器）

序号	操作步骤	责任人
1	合上移动箱变高压负荷开关	带电班
2	检查高压负荷开关的操作机构机械和电气信号装置，确认确已在合上位置	
3	合上移动箱变低压开关柜的刀开关	
4	检查并确认刀开关确已在合上位置	
5	核对移动箱变低压空气开关两侧电源的相位，应正确无误	
6	合上移动箱变低压空气开关	
7	检查并确认低压空气开关确已在合上位置	
8	检查移动箱变的电流指示，确认移动箱变分流良好	
9	打开杆上变压器低压配电箱箱门，拉开低压断路器	乌镇供电营业所
10	检查并确认杆上变压器低压断路确已在分闸位置	
11	拉开杆上变压器低压熔断器	
12	检查并确认杆上变压器低压熔断器确已在分闸位置（明显断开点）	
13	拉开杆上变压器高压侧中间相跌落式熔断器，取下熔管	
14	拉开杆上变压器高压侧下风相跌落式熔断器，取下熔管	
15	拉开杆上变压器高压侧上风相跌落式熔断器，取下熔管	
16	低压验电器自检正常	
17	用低压验电器对变压器低压出线桩头、中性点出线桩头进行验电，确认无电	
18	关上杆上变压器低压配电箱箱门，在箱门把手上挂好"禁止合闸，线路有人工作！"标识牌	

附录 B 倒闸操作流程（接入杆上变压器、退出移动箱变）

序号	操作步骤	责任人
1	挂上杆上变压器上风相高压跌落式熔断器熔管，合上熔管	乌镇供电营业所
2	检查熔管是否合闸到位	
3	挂上杆上变压器下风相高压跌落式熔断器熔管，合上熔管	
4	检查熔管是否合闸到位	
5	挂上杆上变压器中间相高压跌落式熔断器熔管，合上熔管	
6	检查熔管是否合闸到位	
7	低压核相无误	
8	合上杆上变压器低压熔断器	
9	检查并确认杆上变压器低压刀开关确已在合闸位置	
10	合上杆上变压器低压空气开关	
11	检查并确认杆上变压器低压空气开关确已在合闸位置	
12	检查低压配电箱电流指示或移动箱变的电流指示，确认杆上变压器分流良好	
13	拉开移动箱变低压空气开关	带电班
14	检查并确认移动箱变低压空气开关确已在分闸位置	
15	拉开移动箱变低压开关柜的刀开关	
16	检查并确认刀开关确已在分闸位置	
17	拉开移动箱变高压负荷开关	
18	确认移动箱变高压负荷开关已在分闸位置	

2. 20kV 配电网从架空线路临时取电给环网柜供电

本项目适用于架空线至环网柜主电缆检修工作、临时环网柜接入工作，如图 3-7 所示。

图 3-7 20kV 配电网从架空线路临时取电给环网柜供电作业（一）

图 3-7　20kV 配电网从架空线路临时取电给环网柜供电作业（二）

⊕ 作业指导案例：

从莲南 502 线 3 号杆临时取电给灵悟环网柜供电工作

1. 适用范围

适用于从莲南 502 线 3 号杆临时取电给灵悟环网柜供电作业。

2. 编制依据

DLT 2617—2023《20kV 配电线路带电作业技术规范》

Q/GDW 10520—2016《10kV 配网不停电作业规范》

Q/GDW 1799.8—2023《电力安全工作规程　第 8 部分：配电部分》

Q/GDW 249—2009《10kV 旁路作业设备技术条件》

Q/GDW 1812—2013《10kV 旁路电缆连接器使用导则》

3. 作业前准备

（1）准备工作安排。

1）现场勘察。

①现场总工作负责人应提前组织有关人员进行现场勘察，根据勘察结果做出能否进行不停电作业的判断，并确定作业方法及应采取的安全技术措施。

②本项目须停用线路重合闸，需履行申请手续。

③现场勘查包括下列内容：线路运行方式、杆线状况、设备交叉跨越状况、作业现场道路是否满足施工要求能否停放斗臂车，旁路运输车、展放旁路柔性电缆。环网柜间隔是否完好，以及存在的作业危险点等。

④确认负荷电流小于 200A。超过 200A 应提前转移或减少负荷。

2）了解现场气象条件。了解现场气象条件，判断是否符合安规对带电作业要求。

3）组织现场作业人员学习作业指导书。掌握整个操作程序，理解工作任务及操作中的危险点及控制措施。

4）工作票。办理带电作业工作票；办理电缆第一种工作票；办理倒闸操作票。

（2）人员要求。

1）作业人员应身体健康，无妨碍作业的生理和心理障碍。

2）作业人员经培训合格，持证上岗。

3）操作绝缘斗臂车的人员应经培训合格，持证上岗。

（3）工器具。

1）主要作业车辆：1辆绝缘斗臂车；1辆移动箱变车（只使用旁路负荷开关功能）；1辆旁路电缆展放车；1辆设备运输车。

2）绝缘防护用具：2副绝缘手套（20kV）；2副防护手套；2套绝缘服（袖套、披肩）（20kV）；2双绝缘鞋（靴）（20kV）；2副护目镜；1副安全带（登杆用）；2副安全带（斗内电工用）；2顶绝缘安全帽（20kV）；若干普通安全帽；1副脚扣。

3）绝缘遮蔽用具：6块绝缘毯（20kV）；6个导线遮蔽罩（20kV）；10个绝缘毯夹。

4）绝缘操作工具：1个绝缘导线剥皮器；1副绝缘操作杆（20kV，分、合旁路开关用）；1副绝缘放电杆及接地线。

5）个人工器具：2把钳子；2把活络扳手；2把电工刀；2把螺丝刀。

6）辅助工具：4个对讲机；2块防潮垫或毡布；10套安全警示带（牌）；1个斗外工具箱；1个绝缘S钩；1个斗外工具袋；9条绝缘绳。

7）旁路作业设备：若干旁路电缆（20kV，与架空线和环网柜连接）；若干旁路电缆终端（20kV）；若干旁路电缆连接器（20kV）；1台旁路负荷开关（20kV/200A）；1个旁路负荷开关固定器；1个余缆杆上支架；若干旁路电缆保护盒；若干旁路电缆连接器保护盒；若干绑扎绳；若干绝缘自粘带。

8）仪器仪表：1块钳形电流表；1块核相仪；1台绝缘电阻测试仪（2500V及以上）；1块温湿度仪；1块风速仪；1支验电器（20kV）。

（4）危险点分析。

1）带电作业专责监护人违章兼做其他工作或监护不到位，使作业人员失去监护。

2）作业现场未设专人负责指挥施工，作业现场混乱，安全措施不齐全。

3）旁路电缆设备投运前未进行外观检查及绝缘性能检测，因设备损伤或有缺陷未及时发现造成人身、设备事故。

4）起吊开关前未校验斗臂车荷载，造成起斗臂车倾覆或损坏。

5）开关起吊吊绳未挂牢、开关安装不牢固，造成开关坠落。

6）带电作业人员穿戴防护用具不规范，造成触电伤害。

7）作业人员未按规定进行绝缘遮蔽或遮蔽不严密，造成触电伤害。

8）断、接旁路电缆引线时，引线脱落造成接地或相间短路事故。

9）敷设旁路电缆未设置防护措施及安全围栏，发生行人车辆踩压，造成电缆损伤。

10）地面敷设电缆被重型车辆碾压，造成电缆损伤。

11）旁路电缆屏蔽层未在环网柜或旁路负荷开关外壳等地方进行两点及以上接地，屏蔽层存在感应电压，造成人身伤害。

12）三相旁路电缆未绑扎固定，电缆线路发生短路故障时发生摆动。

13）环网柜开关误操作（间隔错误、顺序错误），造成设备发生相地、相间短路事故。

14）敷设旁路作业设备时，旁路电缆、旁路电缆连接器、旁路负荷开关连接时未核对分相标志，导致接线错误。

15）敷设旁路电缆方法错误，旁路电缆与地面摩擦，导致旁路电缆损坏。

16）旁路电缆设备绝缘检测后，未进行整体放电或放电不完全，引发人身触电伤害。

17）拆除旁路作业设备前未进行整体放电或放电不完全，引发人身触电伤害。

18）旁路电缆敷设好后未按要求设置好保护盒。

19）高空落物，造成人员伤害。斗内作业人员不系安全带，造成高空坠落。

20）仪表与带电设备未保持安全距离造成工作人员触电伤害。

21）旁路作业前未检测确认待检修线路负荷电流，负荷电流大于 200A 造成设备过载。

22）旁路作业设备投入运行前，未进行核相造成短路事故。

23）恢复原线路供电前，未进行核相造成短路事故。

24）行车违反交通法规，引发交通事故，造成人员伤害。

（5）安全措施。

1）专责监护人应履行监护职责，不得兼做其他工作，要选择便于监护的位置，监护的范围不得超过一个作业点。

2）旁路作业现场应有专人负责指挥施工，多班组作业时应做好现场的组织、协调工作。作业人员应听从工作负责人指挥。

3）作业现场及工具摆放位置周围应设置安全围栏、警示标志，防止行人及其他车辆进入作业现场。

4）根据地形地貌和作业项目，将斗臂车定位于合适的作业位置。不得在坡度大于 5° 的路面上操作斗臂车。支腿应支在硬实路面上，不平整地面应铺垫专用支腿垫板，避免将支腿置于沟槽边缘，盖板之上，防止斗臂车在使用中侧翻。

5）绝缘斗臂车在使用前应空斗试操作，确认各系统工作正常，制动装置可靠，车体良好接地。工作臂下有人时，不得操作斗臂车。工作臂升降回转的路径，应避开临近的电力线路、通信线路、树木及其他障碍物。

6）起吊开关前校验是否满足斗臂车起吊荷载，检查各部件连接可靠；如使用吊车起吊开关，吊索起吊范围内应对带电体进行双重绝缘遮蔽，车体应良好接地。开关安装好后应检查是否牢固可靠，再拆除开关起吊绳。

7）带电作业过程中，作业人员应始终穿戴齐全防护用具。保持人体与邻相带电体及接地体的安全距离。

8）应对作业范围内的带电体和接地体等所有设备进行遮蔽。

9）绝缘导线应进行遮蔽。

10）对不规则带电部件和接地部件采用绝缘毯进行绝缘遮蔽，并可靠固定，搭接的遮蔽用具其重叠部分不小于 20cm。

11）在带电作业过程中如设备突然停电，作业人员应视设备仍然带电。作业过程中绝缘工具金属部分应与接地体保持足够的安全距离。

12）敷设旁路电缆时，须由多名作业人员配合使旁路电缆离开地面整体敷设，防止旁路电缆与地面摩擦。旁路电缆连接器应按规定要求涂绝缘硅脂。

13）断、接旁路电缆引线时，要保持带电体与人体、邻相及接地体的安全距离。

14）旁路开关应编号。

15）操作之前应核对开关编号及状态。

16）严格按照倒闸操作票进行操作，并执行唱票制。

17）旁路系统连接好后，合上开关，进行绝缘电阻检测；测量完毕后应进行放电，并断开旁路开关。

18）敷设旁路电缆时应设围栏。在路口应采用过街保护盒或架空敷设。

19）三相旁路电缆应分段绑扎固定。

20）旁路作业设备使用前应进行外观检查并对组装好的旁路作业设备（旁路电缆、旁路电缆连接器、旁路负荷开关等）进行绝缘电阻检测，合格后方可投入使用，旁路开关外壳应可靠接地。

21）旁路作业设备的旁路电缆、旁路电缆连接器、旁路负荷开关的连接应核对分相标志，保证相位色的一致。

22）旁路电缆运行期间，应派专人看守、巡视，防止行人碰触。防止重型车辆碾压。

23）拆除旁路作业设备前，应充分放电。

24）上下传递物品必须使用绝缘绳索，严禁高空抛物。尺寸较长的部件，应用绝缘传递绳捆扎牢固后传递。工作过程中，工作点下方禁止站人。斗内作业人员应系好安全带，传递绝缘工具时，应一件一件地分别传递。

25）旁路作业设备额定通流能力为 200A，作业前需检测确认待检修线路负荷电流不大于 200A。

26）旁路作业设备投入运行前，必须进行核相，确认相位正确。

27）恢复原线路供电前，必须进行核相，确认相位正确方可实施。

28）严格遵守交通法规，安全行车。

（6）作业分工。

1）现场总工作负责人（1 人），全面负责现场作业。

2）小组工作负责人（兼监护人）（视现场工作班组数量），负责各小组作业安全，并履行工作监护。

3）带电作业工作组（视现场工作情况），负责带电断、接旁路电缆与架空

线连接引线、安装柱上旁路开关工作。

4）电缆不停电作业组（视现场工作情况），负责敷设及回收旁路电缆工作、负责电缆接头作业和核相工作。

5）倒闸操作组（视现场工作情况），负责开关的倒闸操作。

4．作业程序

（1）现场复勘。

1）确认电缆及架空线路设备及周围环境满足作业条件。

2）确认现场气象条件满足作业要求。

（2）作业内容及标准。

1）开工：

作业内容

● 现场总工作负责人与调度值班员联系。

● 现场总工作负责人发布开始工作的命令。

标准

● 现场总工作负责人与调度值班员履行许可手续，确认重合闸已停用。

● 现场总工作负责人应分别向作业人员宣读工作票，布置工作任务、明确人员分工、作业程序、现场安全措施、进行危险点告知，并履行确认手续。

● 现场总工作负责人发布开始工作的命令。

2）检查：

作业内容

● 在作业现场设置安全围栏和警示标志。

● 作业人员检查电杆、拉线及周围环境。

● 检查绝缘工具、防护用具。

● 绝缘工具绝缘性能检测。

● 对旁路作业设备进行外观检查。

● 检查确认待取电环网柜间隔设施完好。

● 检查确认待检修线路负荷电流小于 200A。

标准

● 安全围栏和警示标志满足规定要求。

● 电杆、拉线基础完好，拉线无腐蚀情况，线路设备及周围环境满足作业条件。

- 绝缘工具、防护用具性能完好，并在试验周期内。
- 使用绝缘电阻检测仪将绝缘工具进行分段绝缘检测。绝缘电阻阻值不低于 700MΩ。
- 检查旁路电缆的外护套是否有机械性损伤；电缆接头与电缆的连接部位是否有折断现象；检查电缆接头绝缘表面是否有损伤；检查开关的外表面是否有机械性损伤。
- 确认环网柜间隔设施完好。
- 旁路作业设备额定通流能力为 200A，作业前需检测确认待接入线路负荷电流不大于 200A。

3）操作绝缘斗臂车：

作业内容

- 绝缘斗臂车进入工作现场，定位于合适的工作位置并装好接地线。如使用吊车起吊开关，吊车进入工作现场，定位于最佳工作位置并装好接地线。
- 操作绝缘斗臂车空斗试操作，确认液压传动、回转、升降、伸缩系统工作正常、操作灵活，制动装置可靠。
- 斗内电工穿戴好安全防护用具，经带电作业工作负责人检查无误后，进入工作斗。
- 升起工作斗，定位到便于作业的位置。

标准

- 根据地形地貌和作业项目，将斗臂车定位于合适的作业位置。
- 装好（车用）接地线。
- 打开斗臂车的警示灯，斗臂车前后应设置警示标识。
- 不得在坡度大于 5° 的路面上操作斗臂车。
- 操作取力器前，应检查各个开关及操作杆应在中位或在 OFF（关）的位置。
- 在寒冷的天气，使用前应先使液压系统加温，低速运转不小于 5 分钟。
- 支腿应支在硬实路面上，在不平整地面，应铺垫专用支腿垫板。
- 支起支腿时，应按照从前到后的顺序进行，使支腿可靠支撑，轮胎不承载，车身水平。

● 松开上臂绑带，选定工作臂的升降回转路径进行空斗试操作，应避开临近的电力线路、通信线路、树木及其他障碍物。

● 斗内电工穿戴全套安全防护用具，经带电作业工作负责人检查合格后携带遮蔽用具和作业工具进入工作斗，系好安全带。

● 工作臂下有人时，不得操作斗臂车。

● 绝缘斗的起升、下降操作应平稳，升降速度不应大于 0.5m/s；回转时，绝缘斗外缘的线速度不应大于 0.5m/s。

4）绝缘遮蔽：

作业内容

绝缘斗臂车斗内电工对作业范围内的所有带电体和接地体进行绝缘遮蔽。

标准

● 在接近带电体过程中，应使用验电器从下方依次验电。

● 对带电体设置绝缘遮蔽时，按照从近到远的原则，从离身体最近的带电体依次设置；对上下多回分布的带电导线设置遮蔽用具时，应按照从下到上的原则，从下层导线开始依次向上层设置；对导线、绝缘子、横担的设置次序是按照从带电体到接地体的原则，先放导线遮蔽罩，再放绝缘子遮蔽罩、然后对横担进行遮蔽。

● 使用绝缘毯时应用绝缘夹夹紧，防止脱落。搭接的遮蔽用具其重叠部分不得小于 20cm。

● 对在工作斗升降中可能触及范围内的低压带电部件也需进行遮蔽。

5）从架空线路临时取电给环网柜供电作业：

作业内容

● 敷设旁路作业设备防护垫布。

● 敷设旁路防护盖板。

● 敷设旁路电缆。

● 斗内电工、杆上电工相互配合，斗内电工升起工作斗定位于安装旁路开关位置，在杆上电工配合下安装旁路开关及余缆工具，旁路开关外壳应良好接地。

● 将与架空线连接的旁路电缆及终端固定在电杆上。

● 连接旁路电缆并进行分段绑扎固定。

● 将环网柜侧的旁路电缆终端与旁路负荷开关连接好。

● 斗内电工、杆上电工相互配合将旁路电缆与旁路开关连接好，将剩余电缆可靠固定在余缆工具上，杆上电工返回地面。

● 工作完成检查各部位连接无误，将已安装的旁路电缆首、末终端分别置于悬空位置，斗内电工合上旁路开关。

● 使用绝缘电阻检测仪对组装好的旁路作业设备进行绝缘电阻检测。

● 绝缘电阻检测完毕，将旁路电缆分相可靠接地充分放电后，将旁路开关断开。

● 确认待取电的环网柜进线间隔开关与电源侧断开。

● 验电后，将旁路电缆终端按照原系统相位安装到环网柜进线间隔上，并将旁路电缆的屏蔽层接地。

● 斗内电工经带电作业工作负责人同意，按相位依次将旁路开关电源侧旁路电缆终端与架空导线连接好返回地面。

● 合上旁路负荷开关，并锁死保险环。

● 合上取电环网柜进线间隔开关，完成取电工作。

● 临时取电给环网柜工作完成后，断开取电环网柜进线间隔开关。

● 断开旁路负荷开关。

● 斗内电工经带电作业工作负责人同意，确认旁路开关断开后，拆除旁路开关电源侧旁路电缆终端与架空导线的连接，并恢复导线绝缘。

● 合上旁路负荷开关对旁路电缆可靠接地充分放电后，拆除环网柜进线间隔处旁路电缆终端。

● 斗内电工、杆上电工相互配合依次拆除旁路电缆、旁路开关、余缆工具及杆上绝缘遮蔽用具返回地面。

标准

● 敷设旁路电缆时，须由多名作业人员配合使旁路电缆离开地面整体敷设，防止旁路电缆与地面摩擦。

● 连接旁路作业设备前，应对各接口进行清洁和润滑：用清洁纸或清洁布、无水酒精或其他清洁剂清洁；确认绝缘表面无污物、灰尘、水份、损伤。在插拔界面均匀涂抹硅脂。

● 雨雪天气严禁组装旁路作业设备；组装完成的连接器允许在降雨（雪）条件下运行，但应确保旁路设备连接部位有可靠的防雨（雪）措施。

● 旁路开关组装后，应使用专用接地线将旁路开关外壳接地。

● 旁路作业设备组装好后，应合上旁路开关，逐相进行旁路作业设备的绝缘电阻检测，绝缘电阻值不得小于 500MΩ，合格后方可投入使用。绝缘电阻检测后，旁路作业设备应充分放电。

● 旁路电缆运行期间，应派专人看守、巡视，防止行人碰触。运行中的旁路开关应在明显位置挂"禁止分闸"警示牌。

● 旁路作业设备投入运行前，必须进行核相。

● 恢复原线路供电前，必须进行核相，确认相位正确方可实施。

● 拆除旁路作业设备前，应充分放电。

● 旁路电缆屏蔽层应采用不小于 $25mm^2$ 的导线接地。

● 旁路作业设备额定通流能力为 200A，作业前需检测确认待检修线路负荷电流不大于 200A。

● 作业过程应监测旁路电缆电流，确保小于 200A。

6）施工质量检查。

作业内容

● 现场总工作负责人检查作业质量。

标准

● 全面检查作业质量，无遗漏的工具、材料等。

7）完工。

作业内容

● 现场总工作负责人检查工作现场。

标准

● 现场总工作负责人全面检查工作完成情况。

（3）竣工。

1）现场总工作负责人全面检查工作完成情况无误后，组织清理现场及工具。

2）通知值班调度员，工作结束，恢复停用的重合闸。

3）终结工作票。

5.验收记录

（1）记录检修中发现的问题。

（2）存在问题及处理意见。

6. 现场标准化作业指导书执行情况评估

（1）评估内容：符合性（优、良）；可操作项与不可操作项；可操作性（优、良）；修改项；遗漏项。

（2）存在问题。

（3）改进意见。

3. 20kV 配电网旁路作业

3.1　20kV 架空配电线路综合不停电作业

本项目利用旁路系统，拔除支线 0 号杆，郭公桥支干线 22 号杆至红太阳支线 1 号杆调线工作，如图 3-8 和图 3-9 所示。

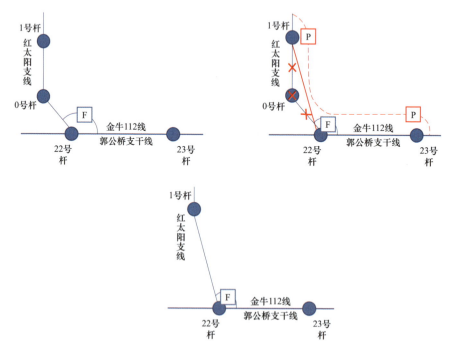

图 3-8　郭公桥支干线 22 号杆至红太阳支线 1 号杆调线作业现场示意图

图 3-9 郭公桥支干线 22 号杆至红太阳支线 1 号杆调线作业现场

🌐 **作业指导案例:**

综合不停电作业——金牛 112 线郭公桥支干线 23 号杆至红太阳支线
1 号杆旁路作业(绝缘斗臂车、绝缘手套作业法、旁路作业法配合工作)

1. 范围

本现场标准化作业指导书针对"金牛 112 线郭公桥支干线 23 号杆至红太
阳支线 1 号杆"使用绝缘斗臂车绝缘手套直接作业法"综合不停电作业"工作
编写而成,仅适用于该项工作。

2. 引用文件

下列文件中的条款通过本作业指导书的引用而成为本作业指导书的条款。

DLT 2617—2023《20kV 配电线路带电作业技术规范》

Q/GDW 10520—2016《10kV 配网不停电作业规范》

Q/GDW 1799.8—2023《电力安全工作规程 第 8 部分:配电部分》

3. 前期准备

(1)作业人员。

1）作业人员要求：

工作负责人（监护人）1 人，应具有 3 年以上的配电带电作业实际工作经验，熟悉设备状况，具有一定组织能力和事故处理能力，并经工作负责人的专门培训，考试合格。

专责监护人 2 人，应具有 3 年以上的配电带电作业实际工作经验，熟悉设备状况，具有一定组织能力和事故处理能力，并经工作负责人的专门培训，考试合格。

斗内 1 号作业人员 2 人，应通过 20kV 配电线路带电作业专项培训，考试合格并持有上岗证。

斗内 2 号作业人员 2 人，应通过 20kV 配电线路带电作业专项培训，考试合格并持有上岗证。

地面作业人员 7 人，应通过 20kV 配电线路专项培训，考试合格并持有上岗证。

2）作业人员分工：

- 工作负责人（监护人）。
- 1 号作业点专责监护人。
- 2 号作业点专责监护人。
- 带电作业前安装旁路开关、开关引线；1 号车斗内 1 号作业人员。
- 带电作业前安装旁路开关、开关引线；1 号车斗内 2 号作业人员。
- 带电作业前安装旁路开关、开关引线；2 号车斗内 1 号作业人员。
- 带电作业前安装旁路开关、开关引线；2 号车斗内 2 号作业人员。
- 旁路电缆展放。
- 旁路电缆展放。
- 旁路电缆展放。

（2）工器具。出库时应进行外观检查，并确定是在合格的试验周期内。

1）个人安全防护用具：1 顶/人绝缘安全帽；4 件绝缘披肩（或绝缘服）；4 副绝缘手套（带防护手）；4 根绝缘安全带；2 根普通安全带；9 套个人工器具。

2）常备器具：1 块防潮垫；1 台绝缘电阻测试仪（2500V）；9 部对讲机；若干副安全遮栏、安全围绳、标示牌；若干块干燥清洁布。

3）绝缘遮蔽工具：若干块绝缘毯；若干只绝缘夹；12 根绝缘护线管（1.5m）。

4）绝缘工具：2 辆绝缘斗臂车；6 根绝缘短绳（1.5m）；2 根绝缘吊绳（15m）。

5）专用设备：6 根旁路电缆（YJRV8.7/15，黄、绿、红各 2 根）；6 根高压引下电缆（HCV8.7/15，黄、绿、红各 2 根）；2 台旁路开关。

6）常规的线路施工所需工器具：1 只钳型电流表；1 人/套个人工具；2 把电动扳手；2 把螺丝刀。

4．作业程序

（1）开工准备。

1）工作负责人现场复勘。

首先，工作负责人核对工作线路双重命名、杆号。

其次，工作负责人检查环境是否符合作业要求。

再者，工作负责人检查线路装置是否具备带电作业条件，应注意，确认工作区段两端应为耐张装置或分支杆。

同时，工作负责人检查气象条件：天气应晴好，无雷、雨、雪、雾；气温：−5～35℃；风力：＜5 级；空气相对湿度＜80%。

最后，检查工作票所列安全措施，必要时在工作票上补充安全技术措施。

2）工作负责人执行工作许可制度。工作负责人与调度联系，获得调度工作许可，确认线路重合闸已停用。

3）工作负责人召开现场站班会。

工作负责人宣读工作票，检查工作班组成员精神状态、交代工作任务进行分工、交代工作中的安全措施和技术措施，工作班成员应佩戴袖标。检查班组各成员对工作任务分工、工作中的安全措施和技术措施是否明确。最后，班组各成员在工作票和作业卡上签名确认，如图 3−10 所示。

图 3−10　班前会

4）布置工作现场。工作现场设置安全护栏、作业标志和相关警示标志。

5）斗臂车操作人员停放绝缘斗臂车。

斗臂车操作人员将 1 号、2 号绝缘斗臂车分别停放到最佳位置。注意，应便于绝缘斗臂车工作斗达到作业位置，避开附近电力线和障碍物；避免停放在沟道盖板上；软土地面应使用垫块或枕木，垫放时垫板重叠不超过 2 块，呈 45°角；停放位置如为坡地，停放位置坡度≯7°，绝缘斗臂车车头应朝下坡方向停放。

1 号、2 号斗臂车操作人员操作绝缘斗臂车，支腿。支腿顺序应正确："H"型支腿的车型，应先伸出水平支腿，再伸出垂直支腿；在坡地停放，应先支前支腿，后支后支腿；支撑应到位，车辆前后、左右呈水平；"H"型支腿的车型四轮应离地。坡地停放调整水平后，车辆前后高度应≯3°。

1 号、2 号斗臂车操作人员将绝缘斗臂车可靠接地，临时接地体埋深应不少于 0.7m。

6）工作负责人组织班组成员检查工器具。

班组成员按要求将绝缘工器具摆放在防潮垫（毯）上，需注意，防潮垫（毯）应清洁、干燥，绝缘工器具不能与金属工具、材料混放。

班组成员对绝缘工器具进行外观检查：绝缘工具应不变形损坏，操作灵活，测量准确；个人安全防护用具和遮蔽、隔离用具应无针孔、砂眼、裂纹。对绝缘安全带、普通安全带、脚扣进行表面检查，并作冲击试验。检查人员应戴清洁、干燥的手套。

使用绝缘电阻测试仪对绝缘工器具进行表面绝缘电阻检测：阻值不得低于700MΩ。正确使用绝缘电阻测试仪。测量电极应符合规程要求。

7）绝缘斗臂车操作人员检查绝缘斗臂车。

检查绝缘斗臂车表面状况：绝缘部分应清洁、无裂纹损伤。

8）斗内作业人员进入绝缘斗臂车工作斗。

斗内作业人员穿戴个人安全防护用具。应戴好绝缘帽、绝缘手套等个人安全防护用具。

斗内作业人员携带工器具进入工作斗，将工器具分类放置在斗中和工具袋中。金属材料、化学物品、金属部分超出工作斗的绝缘工器具禁止带入工作斗。

斗内作业人员系好绝缘安全带。应系在斗内专用挂钩上。

（2）作业过程。

1）施放旁路电缆，应注意：电缆不得与地面或其他硬物摩擦；施放时，电缆不得受力，如图 3－11 所示。

2）安装旁路开关。23 号杆作业人员在电杆上安装 1 号旁路开关及绝缘横担，并将开关外壳接地。安装旁路开关时应注意杆上人员与带电体之间保持足够的距离；防止高空落物。

支线 1 号杆作业人员在电杆上安装 2 号旁路开关及绝缘横担，并将开关外壳接地。安装旁路开关时应注意杆上人员与带电体之间保持足够的距离；防止高空落物。

3）安装高压引下电缆及旁路电缆。23 号杆作业人员将旁路电缆和高压引下电缆安装到 1 号旁路开关接口。支线 1 号杆作业点作业人员将旁路电缆和高压引下电缆安装到 2 号旁路开关接口。同一相的高压引下电缆和旁路电缆色标应一致；旁路开关在传递及安装过程应注意不能磕碰，防止杂物进入接口，接口连接可靠；余缆应用电缆带扎好，固定可靠，防止散落。

图 3－11　20kV 架空配电线路综合不停电带电作业

支线 1 号杆作业点作业人员将旁路电缆和高压引下电缆安装到 2 号旁路开关接口。同一相的高压引下电缆和旁路电缆色标应一致；旁路开关在传递及安装过程应注意不能磕碰，防止杂物进入接口，接口连接可靠；余缆应用电缆带扎好，固定可靠，防止散落。

4）固定 23 号杆旁路开关高压引下电缆。

斗内 2 号作业人员转移工作斗配合斗内 1 号作业人员在（装置作业范围外侧）架空导线上设置绝缘遮蔽措施。顺序为：先内边相、再外边相、最后中间相。应注意，斗内作业人员应戴绝缘手套，并注意动作幅度，保持足够的安全距离；绝缘遮蔽措施应严密、牢固，绝缘材料的结合部位应有 20cm 的重叠部分。

斗内 1 号作业人员用绝缘短绳将高压引下电缆固定在主干线中间相的合适位置（作业范围外侧）。顺序为：先中间相、再外边相、最后中间相。三根高压引下电缆端部的金属部分之间应有足够的距离；高压引下电缆端部的金属部分与架空导线间应有足够的距离。

5）固定支线 1 号杆旁路开关高压引下电缆。

斗内 2 号作业人员转移工作斗配合斗内 1 号作业人员在（装置作业范围外侧）架空导线上设置绝缘遮蔽措施。顺序为：先内边相、再外边相、最后中间相。应注意：斗内作业人员应戴绝缘手套，并注意动作幅度，保持足够的安全距离；绝缘遮蔽措施应严密、牢固，绝缘材料的结合部位应有 20cm 的重叠部分。

斗内 1 号作业人员用绝缘短绳将高压引下电缆固定在主干线中间相的合适位置（作业范围外侧）。顺序为：先中间相、再外边相、最后中间相。三根高压引下电缆端部的金属部分之间应有足够的距离；高压引下电缆端部的金属部分与架空导线间应有足够的距离。

6）配合高压电气试验班对旁路回路工频耐压试验、直流电阻测试。

合上 1 号、2 号旁路开关，短接 1 号作业点三相高压引下电缆，作业人员应与带电体保持足够的作业安全距离。

试验：工频耐压 12kV/3min，无击穿发热现象；直流电阻与历次比较无显著变化。在试验时，应注意，工作负责人指挥作业班人员协同看护试验区域，严禁无关人员进入试验现场。

电试班工作人员对旁路回路进行放电。应确保旁路电缆充分放电，防止存储的电荷对带电班作业人员造成电击。

拉开 1 号、2 号旁路开关并确认，拆除 1 号作业点三相高压引下电缆的短接线。作业人员应与带电体保持足够的作业安全距离，应确保旁路开关已拉开，防止搭接时空载电流拉弧。

7）搭接 23 号杆处的高压引下线。

中间相高压：斗内 2 号作业人员配合 1 号作业人员使用专用操作杆搭接中间相高压引下电缆。搭接位置在作业范围外侧。

外边相高压：斗内 2 号作业人员配合 1 号作业人员使用专用操作杆搭接外边相高压引下电缆。搭接位置在作业范围外侧。

内边相高压：斗内 2 号作业人员配合 1 号作业人员使用专用操作杆搭接内边相高压引下电缆。搭接位置在作业范围外侧。

在操作过程中应注意：作业人员应与地电位物体保持足够的作业安全距离；高压引下电缆色标与主干线色标对应；主导线搭接部位及高压引下电缆线夹应清除氧化膜和脏污，避免接触电阻大，旁通时发热。

8）搭接支线 1 号杆处的高压引下电缆。

中间相高压：斗内 2 号作业人员配合 1 号作业人员使用专用操作杆搭接中间相高压引下电缆。搭接位置在作业范围外侧。

外边相高压：斗内 2 号作业人员配合 1 号作业人员使用专用操作杆搭接外边相高压引下电缆。搭接位置在作业范围外侧。

内边相高压：斗内 2 号作业人员配合 1 号作业人员使用专用操作杆搭接内边相高压引下电缆。搭接位置在作业范围外侧。

在操作过程中应注意：作业人员应与地电位物体保持足够的作业安全距离；高压引下电缆色标与主干线色标对应；主导线搭接部位及高压引下电缆线夹应清除氧化膜和脏污，避免接触电阻大，旁通时发热。

9）合上 23 号杆旁路开关。

斗内 1 号作业人员合上 1 号旁路开关，并确认。作业人员应与带电体保持足够的作业安全距离。

10）合上支线 1 号杆旁路开关。

斗内 1 号作业人员核对旁路开关的核相装置确认相位准确。作业人员应与带电体保持足够的作业安全距离。

斗内 1 号作业人员合上 2 号旁路开关，并确认。作业人员应与带电体保持足够的作业安全距离。

斗内 1 号作业人员使用钳形电流表检测旁路回路分流情况。作业人员应与地电位物体保持足够的作业安全距离。

斗内 1 号作业人员使用钳形电流表检测旁路回路分流情况。作业人员应与地电位物体保持足够的作业安全距离。

11）拆除支线 1 号杆处主干线跳线。

斗内 2 号作业人员转移工作斗，斗内 1 号工作人员在内边相装置两侧按照"先跳线、再耐张绝缘子、最后横担"的顺序设置绝缘遮蔽措施。斗内 2 号作业人员转移工作斗，斗内 1 号工作人员在外边相装置两侧按照"先跳线、再耐张绝缘子、最后横担"的顺序设置绝缘遮蔽措施。斗内 2 号作业人员转移工作斗，斗内 1 号工作人员在中间相装置两侧按照"先跳线、再耐张绝缘子、最后顶相抱箍"的顺序设置绝缘遮蔽措施。

在操作过程中应注意：其一，斗内 1 号作业人员在设置绝缘遮蔽措施时，应戴绝缘手套，并注意动作幅度，保持足够的安全距离（对地电位物体＞0.5m，对邻相导体＞0.7m）；其二，绝缘措施应严密、牢固，遮蔽材料接合部位应有 20cm 重叠部分；其三，防止高空落物。

斗内 2 号作业人员转移工作斗，斗内 1 号工作人员拆卸外边相跳线，并将裸露部分进行绝缘遮蔽。拆卸点：主导线作业范围内侧；导线固定位置：主导线。

斗内 2 号作业人员转移工作斗，斗内 1 号工作人员拆卸内边相跳线，并将裸露部分进行绝缘遮蔽。拆卸点：主导线作业范围内侧；导线固定位置：主导线。

斗内 2 号作业人员转移工作斗，斗内 1 号工作人员拆卸中间相跳线，并将裸露部分进行绝缘遮蔽。拆卸点：主导线作业范围内侧；导线固定位置：主导线。

在操作过程中应注意：斗内 1 号作业人员应戴绝缘手套，并注意动作幅度，保持足够的安全距离（对地电位物体＞0.5m，对邻相导体＞0.7m）；绝缘措施应严密、牢固，遮蔽材料接合部位应有 20cm 重叠部分；防止高空落物。

12）拆除 22 号杆分支上引线。

首先，一号车转移至干线 22 号杆适当位置。斗内 2 号作业人员转移工作斗，斗内 1 号工作人员在内边相设置绝缘遮蔽措施。应注意，斗内 1 号作业人员在设置绝缘遮蔽措施时，应戴绝缘手套，并注意动作幅度，保持足够的安全距离（对地电位物体＞0.5m，对邻相导体＞0.7m）；绝缘措施应严密、牢固，遮蔽材料接合部位应有 20cm 重叠部分；防止高空落物。

斗内 2 号作业人员转移工作斗，斗内 1 号工作人员拆卸外边相引线，并将裸露部分进行绝缘遮蔽。拆卸点：主导线作业范围内侧；导线固定位置：主导线。

斗内 2 号作业人员转移工作斗，斗内 1 号工作人员拆卸内边相引线，并将裸露部分进行绝缘遮蔽。拆卸点：主导线作业范围内侧；导线固定位置：主导线。

斗内 2 号作业人员转移工作斗，斗内 1 号工作人员拆卸中间相引线，并将裸露部分进行绝缘遮蔽。拆卸点：主导线作业范围内侧；导线固定位置：主导线。

在操作过程中应注意：斗内 1 号作业人员应戴绝缘手套，并注意动作幅度，保持足够的安全距离（对地电位物体＞0.5m，对邻相导体＞0.7m）；绝缘措施应严密、牢固，遮蔽材料接合部位应有 20cm 重叠部分；防止高空落物。

13）撤除已脱离电源作业段的绝缘遮蔽措施。

1 号作业点，斗内作业人员拆除需更换导线侧的绝缘遮蔽措施；2 号作业点，斗内作业人员拆除需更换导线侧的绝缘遮蔽措施。

应注意：斗内作业人员注意与带电侧保持足够的注意安全距离；防止高空落物。

14）配合线路检修班作业。

工作负责人对作业进行阶段性验收，带电侧绝缘遮蔽措施应严密、牢固。配合线路班对停电线路进行检修。线路检修作业完成后，应确认线路无接地情况。

15）恢复、补充 2 号作业点处的绝缘遮蔽措施。

2 号作业点，斗内作业人员对已更换的三相线路及其耐张绝缘子和横担设置绝缘遮蔽措施。斗内作业人员注意与带电侧保持足够的注意安全距离；防止高空落物。

16）恢复 23 号杆处的上引线。

首先，搭接中间相引线，并固定。接着，搭接外边相跳线，并固定。最后，搭接内边相跳线，并固定。

斗内作业人员应戴绝缘手套，并注意动作幅度，保持足够的安全距离。

17）恢复支线 1 号处的跳线。

搭接中间相跳线，并固定。斗内作业人员应戴绝缘手套，并注意动作幅度，保持足够的安全距离。

恢复跳线上的绝缘遮蔽措施。应注意：斗内 1 号作业人员应戴绝缘手套，并注意动作幅度，保持足够的安全距离（对地电位物体＞0.5m，对邻相导体＞0.7m）；绝缘措施应严密、牢固，遮蔽材料接合部位应有 20cm 重叠部分；防止高空落物。

搭接外边相跳线，并固定。斗内作业人员应戴绝缘手套，并注意动作幅度，保持足够的安全距离。

恢复跳线上的绝缘遮蔽措施。应注意：斗内 1 号作业人员应戴绝缘手套，并注意动作幅度，保持足够的安全距离（对地电位物体＞0.5m，对邻相导体＞0.7m）；绝缘措施应严密、牢固，遮蔽材料接合部位应有 20cm 重叠部分；防止高空落物。

搭接内边相跳线，并固定。斗内作业人员应戴绝缘手套，并注意动作幅度，保持足够的安全距离。

恢复跳线上的绝缘遮蔽措施。应注意：斗内 1 号作业人员应戴绝缘手套，并注意动作幅度，保持足够的安全距离（对地电位物体＞0.5m，对邻相导体＞0.7m）；绝缘措施应严密、牢固，遮蔽材料接合部位应有 20cm 重叠部分；防止高空落物。

18）断开旁路回路。

2 号作业点，斗内 1 号作业人员拉开 2 号旁路开关，并确认；1 号作业点，斗内 1 号作业人员拉开 1 号旁路开关，并确认。使用钳形电流表检测旁路回路应无电流，避免带负荷拆高压引下线。

19）拆除支线 1 号杆处的高压引下电缆。

斗内 2 号作业人员转移工作斗，斗内 1 号作业人员使用专用操作杆拆除中间相高压引下电缆。斗内 2 号作业人员转移工作斗，斗内 1 号作业人员使用专用操作杆拆除外边相高压引下电缆。斗内 2 号作业人员转移工作斗，斗内 1 号作业人员使用专用操作杆拆除内边相高压引下电缆。

在操作过程中应注意以下几点：斗内 1 号作业人员应戴绝缘手套，并注意动作幅度，保持足够的安全距离安全距离（对地电位物体＞0.5m，对邻相导体＞0.7m）；高压引下电缆拆卸后应妥善放置在余缆支架上。

20）拆除 23 号杆处的高压引下电缆。

斗内 2 号作业人员转移工作斗，斗内 1 号作业人员使用专用操作杆拆除中间相高压引下电缆；斗内 2 号作业人员转移工作斗，斗内 1 号作业人员使用专用操作杆拆除外边相高压引下电缆；斗内 2 号作业人员转移工作斗，斗内 1 号作业人员使用专用操作杆拆除内边相高压引下电缆。应注意，斗内 1 号作业人员应戴绝缘手套，并注意动作幅度，保持足够的安全距离安全距离（对地电位物体＞0.5m，对邻相导体＞0.7m）；高压引下电缆拆卸后应妥善放置在绝缘横担上。

斗内 2 号作业人员转移工作斗，斗内 1 号作业人员使用专用操作杆拆除外边相高压引下电缆；斗内 2 号作业人员转移工作斗，斗内 1 号作业人员使用专用操作杆拆除内边相高压引下电缆。应注意：斗内 1 号作业人员应戴绝缘手套，并注意动作幅度，保持足够的安全距离安全距离（对地电位物体＞0.5m，对邻相导体＞0.7m）；高压引下电缆拆卸后应妥善放置在绝缘横担上。

21）放电。

对旁路电缆进行放电，放电次数不少于 2 次。放电应充分，避免在斗内作业人员串入不同相电缆或电缆与地的回路中受到电击，避免地面作业人员收回电缆时受到电击。

22）拆除 1 号、2 号作业点高压引下线和旁路电缆。

各工作点的斗内作业人员将高压引下电缆和旁路电缆从开关上拆除。应注意：斗内作业人员应并注意动作幅度，保持与带电体间有足够的安全距离安全距离（0.5m）；防止灰尘进入引下电缆接口，及时用保护罩保护；防止高空落物。

23）拆除旁路开关和绝缘横担。

各工作点的斗内作业人员拆除 1 号、2 号旁路开关和绝缘横担。应注意：斗内作业人员应并注意动作幅度，保持与带电体间有足够的安全距离安全距离（0.5m）；防止灰尘进入开关接口，及时用保护罩保护；防止高空落物。

24）收回旁路电缆。

电缆不得与地面或其他硬物摩擦，防止灰尘进入接头接口，及时用保护罩保护，收回时，电缆不得受力。

（3）工作结束。

1）工作负责人组织班组成员清理工具和现场。

首先，绝缘斗臂车各部件复位，收回绝缘斗臂车支腿。应注意，在坡地停放，应先收后支腿，后收前支腿。支腿收回顺序应正确："H"型支腿的车型，应先收回垂直支腿，再收回水平支腿。

最后，整理工具、材料。将工器具清洁后放入专用的箱（袋）中。

清理现场。

2）工作负责人办理工作终结。

向调度汇报工作结束，并终结工作票。

3）工作负责人召开收工会。

4）作业人员撤离现场。

5. 验收记录

（1）记录检修中发现的问题。

（2）存在问题及处理意见。

6. 现场标准化作业指导书执行情况评估

（1）评估内容：符合性（优、良）；可操作项与不可操作项；可操作性（优、良）；修改项；遗漏项。

（2）存在问题。

（3）改进意见。

3.2 20kV 旁路作业综合不停电迁改

灵新 S798 线蒋子庙支线 9 号拔除 9、10 号杆导线拆除工作，如图 3-12 和图 3-13 所示。

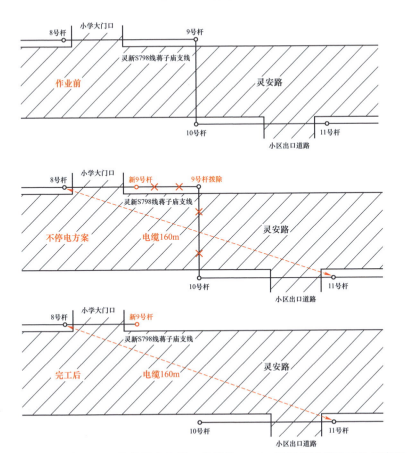

图 3-12　灵新 S798 线蒋子庙支线 9 号拔除 9、10 号杆导线拆除工作示意图

图 3-13　灵新 S798 线蒋子庙支线 9 号拔除 9、10 号杆导线拆除带电作业

作业指导案例：

20kV 纺工 S834 线田横路支线 7 号杆～9＋1 号杆

1. 范围

本规程规定了 20kV 纺工 S834 线田横路支线 7 号杆～9＋1 号杆旁路作业的现场标准化作业的工作步骤和技术要求。

本作业指导书适用于采用综合不停电作业法进行 20kV 纺工 S834 线田横路支线 7 号杆～9＋1 号杆旁路作业。

2. 规范性引用文件

DLT 2617—2023《20kV 配电线路带电作业技术规范》

Q/GDW 10520—2016《10kV 配网不停电作业规范》

Q/GDW 1799.8—2023《电力安全工作规程 第 8 部分：配电部分》

3. 人员组合

本项目需要 18 人。

（1）作业人员要求。

1）工作负责人 1 人，应通过配电带电作业专项培训，考试合格并持有上岗证。应具有配电带电作业实际工作经验，熟悉设备状况，具有一定组织能力和事故处理能力，并经工作负责人的专门培训，考试合格，经本单位总工程师批准、书面公布。

2）现场安全监护人 1 人，应通过配电带电作业专项培训，考试合格并持有上岗证。应具有配电带电作业实际工作经验，熟悉设备状况，具有一定组织能力和事故处理能力。

3）助手 2 人，应通过配电线路带电作业专项培训，考试合格并持证上岗。

4）带电作业组人员 13 人，应通过配电线路带电作业专项培训，考试合格并持证上岗。

5）施工作业组人员 4 人，应通过配电线路专项培训，考试合格并持证上岗。

（2）作业人员分工。

● 工作负责人

- 工作负责人助手
- 现场安全监护人
- 现场安全监护人助手
- 1 号带电作业组负责人
- 1 号带电作业组斗内作业人员
- 2 号带电作业组负责人
- 2 号带电作业组斗内作业人员
- 3 号带电作业组负责人
- 3 号带电作业组斗内作业人员
- 4 号带电作业组负责人
- 4 号带电作业组斗内作业人员
- 施工作业组负责人
- 施工作业组作业人员

4. 工器具

领用带电作业工器具应核对电压等级和试验周期，并检查外观完好无损。工器具在运输过程中，应存放在专用工具袋、工具箱或工具车内，以防受潮和损伤。

（1）装备：4 辆绝缘斗臂车（混合式，海伦哲 2 辆、爱知 2 辆）；2 台旁路柱上开关（20kV，200A）；1 组旁路电缆（20kV/50M，200A）；2 组旁路高压引下电缆（20kV/15M，200A）。

（2）个人防护用具：各小组负责准备。

（3）绝缘遮蔽用具：各小组负责准备。

（4）绝缘工具：6 条绝缘绳套（$\Phi 14 \times 0.7m$，固定旁路电源）；1 根拉合闸操作杆（20kV/1.5m）；2 套绝缘放电棒（1.5m）；其他工具各小组负责准备。

（5）仪器仪表：1 套绝缘电阻检测仪（测试电极）（2500V 及以上）；1 只无线高压钳形电流表（高压）；1 只直流电阻测试仪；其他仪表各小组负责准备。

（6）其他工具：4 块防潮苫布（$1 \times 10m$，放旁边电缆）；3 块防潮苫布（$4 \times 3m$）；1 组安全围栏（现场已布置）；1 块"从此进出"标示（现场已悬挂）；其他工具各小组负责准备。

（7）材料：2 管硅脂；4 片无纺布；其他材料各小组负责准备。

5. 作业程序

（1）开工准备。

1）布置工作现场。工作负责人组织班组成员设置工作现场的安全围栏、安全警示标志：安全围栏的范围应考虑作业中高空坠落和高空落物的影响以及道路交通，必要时联系交通部门，并悬挂"在此工作"标示；围栏的出入口应设置合理，并悬挂"从此进出"标示。如图 3-14 所示。

图 3-14　20kV 旁路作业综合不停电迁改作业（二）

将绝缘工器具放在防潮苫布上：防潮苫布应清洁、干燥；工器具应按定置管理要求分类摆放；绝缘工器具不能与金属工具、材料混放。

2）各小组绝缘斗臂车就位。将绝缘斗臂车停放到适当位置。作业人员应对停放位置进行检查，以下为现场应检查的停放绝缘斗臂车位置的要素：停放的位置应便于绝缘斗臂车绝缘斗到达作业位置，避开附近电力线和障碍物，并能保证作业时绝缘斗臂车的绝缘臂有效绝缘长度；停放位置坡度不大于 5°；避开沟道盖板。

3）各小组现场复勘。工作负责人核对工作线路双重命名、杆号。工作负责人检查地形环境是否符合作业要求：平整坚实；地面倾斜度≯7°。

工作负责人检查线路装置是否具备带电作业条件。本项作业应检查确认的内容有：作业电杆埋深、杆身质量；检查开关外观，如瓷柱裂纹严重有脱落危险，考虑采取措施，无法控制不应进行该项工作，如接点烧损严重也不得进行此项工作。

工作负责人检查气象条件（不需现场检查，但需在工作许可时汇报）：天气应晴好，无雷、雨、雪、雾；风力≯10.8m/s；空气相对湿度≯80%。记录风速、湿度和温度的数据。

工作负责人检查工作票所列安全措施，在工作票上补充安全措施。

4）执行工作许可制度。工作负责人按工作票内容确认线路重合闸装置已退出。工作负责人在工作票上签字。

5）召开班前会。工作负责人宣读工作票。工作负责人检查工作班组成员精神状态、交待工作任务进行分工、交待工作中的安全措施和技术措施。工作负责人检查班组各成员对工作任务分工、安全措施和技术措施是否明确。班组各成员在工作票上签名确认。

6）各带电小组配合一起检查并组装旁路设备。

① 将两台旁路开关车可靠接地。

② 敷设旁路电缆，敷设电缆时注意在防潮垫上。禁止在地面上拖拽旁路电缆，以免被利物划伤。

③ 检查旁路高压引下电缆表面绝缘应无明显磨损或破损现象，接线夹应操作灵活。

④ 将旁路高压引下电缆快速插拔终端。

7）旁路设备检测。

① 旁路设备进行直流电阻检测、绝缘检测。

② 检测合格后应逐相充分放电，并拉开旁路开关，闭锁合闸装置。

③ 旁路作业设备检测完毕，向工作负责人汇报检查结果。

（2）操作步骤。

第一步：检测电流。

经总工作负责人许可后：1 号带电作业组使用高压钳形电流表核对线路负

荷电流小于 167A，并向工作负责人汇报；记录 A 相、B 相和 C 相的线路负荷电流数值，如图 3-15 所示。

对开始时间完成时间进行记录。

当前状态：

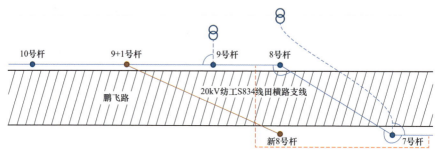

图 3-15　搭接 7 号杆小号侧、8 号杆大号侧旁路电缆前示意图

第二步：搭接 7 号杆小号侧、8 号杆大号侧旁路电缆。

记录工作票编号和 1 号带电作业组负责人。

许可：1 号带电作业组工作任务，纺工 S834 线田横路支线 7 号杆小号侧接旁路电缆工作。

对开始时间完成时间进行记录。

记录工作票编号和 2 号带电作业组负责人。

许可：2 号带电作业组工作任务，纺工 S834 线田横路支线 8 号杆大号侧接旁路电缆工作。

对开始时间完成时间进行记录。

第二步完成后，即可开始第五步，如图 3-16 所示。

第二步结束后状态：

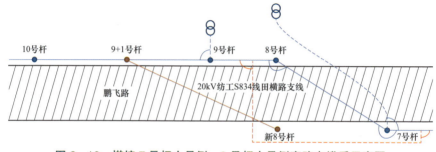

图 3-16　搭接 7 号杆小号侧、8 号杆大号侧旁路电缆后示意图

第三步：9 号杆断熔断器上引线。

记录工作票编号和 4 号带电作业组负责人。

许可：4 号带电作业组工作任务，纺工 S834 线田横路支线 9 号杆带电断跌落式熔断器上引线工作。结束后如图 3-17 所示。

对开始时间完成时间进行记录。

本步结束后状态：

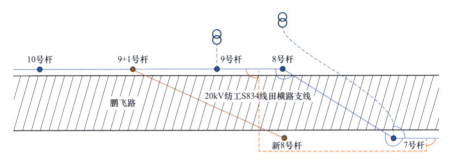

图 3-17 9 号杆断熔断器上引线完成后示意图

第四步：9 号杆直线杆改终端杆工作。

记录工作票编号和 4 号带电作业组负责人。

许可：4 号带电作业组工作任务，纺工 S834 线田横路支线 9 号杆直线杆改终端杆工作。记录第一次开始和第一次完成的时间。

进行改耐张准备工作，准备工作结束后向总工作负责人汇报。

第五步：核对相位并合上 1 号旁路开关。

第 2 步完成后，即可开始。

经总工作负责人许可后，1 号带电作业组再次检测旁路电缆连接相位，相位核对无误后经小组工作负责人许可，合上 1 号旁路开关，并闭锁合闸装置。

应注意：使用绝缘操作杆操作，操作时应戴绝缘手套；旁路开关合好后向小组负责人和总工作负责人汇报；操作旁路开关时严格执行唱复票流程。

操作步骤如下：核对相位；解锁 1 号旁路开关；合上 1 号旁路开关；闭锁 1 号旁路开关。

记录开始时间和完成时间。

第六步：核对相位并合上 2 号旁路开关。

经工作负责人许可后，2 号带电作业组通过旁路开关核相指示灯进行核相，相位核对无误后经工作负责人许可，合上旁路开关，并闭锁合闸装置。

应注意：使用绝缘操作杆操作，操作时应戴绝缘手套；操作旁路开关时严格执行唱复票流程。

操作步骤如下：核对相位；解锁 2 号旁路开关；合上 2 号旁路开关；闭锁 2 号旁路开关。

记录开始时间和完成时间。

第七步：检测分流。

2 号旁路开关合好后，经总工作负责人许可，1 号带电作业组使用高压钳形电流表检测旁路高压引下电缆的通流情况；每相检测 3 个点：旁路高压引下电缆及旁路高压引下电缆两侧导线；绝缘操作杆最小有效绝缘长度不小于 0.8m；时刻保持人体与带电体的安全距离不得小于 0.5m。

记录开始时间和完成时间。

第八步：断开 7 号杆、8 号杆耐张引线。

记录工作票编号和 1 号带电作业组负责人。

许可：1 号带电作业组工作任务，纺工 S834 线田横路支线 7 号杆带电断耐张引线工作。

记录工作票编号和 2 号带电作业组负责人。

许可：2 号带电作业组工作任务，纺工 S834 线田横路支线 8 号杆带电断耐张引线工作，结束后如图 3-18 所示。

记录开始时间和完成时间。

本步结束后状态：

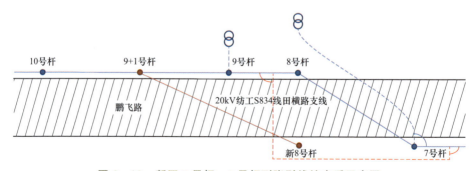

图 3-18　断开 7 号杆、8 号杆耐张引线结束后示意图

第九步：8 号杆配合拆线。

记录工作票编号和 2 号带电作业组负责人。

许可：2 号带电作业组工作任务，纺工 S834 线田横路支线 8 号杆配合拆线工作，结束后如图 3-19 所示。

记录开始时间和完成时间。

本步结束后状态：

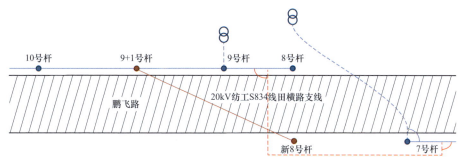

图 3-19　8 号杆配合拆线结束后示意图

第十步：新 8 号杆至 7 号杆放线，新 8 号杆搭头。

记录施工作业票编号和施工作业组负责人。

许可：施工作业组工作任务，纺工 S834 线田横路支线新 8 号杆至 7 号杆放线，新 8 号杆搭头，结束后如图 3-20 所示。

记录开始时间和完成时间。

本步结束后状态：

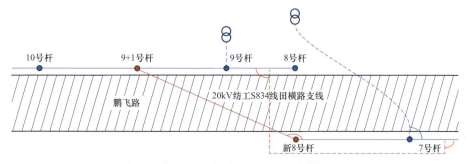

图 3-20　新 8 号杆至 7 号杆放线，新 8 号杆搭头结束后示意图

第十一步：接 7 号杆耐张引线。

记录工作票编号和 1 号带电作业组负责人。

许可：1 号带电作业组工作任务，纺工 S834 线田横路支线 7 号杆带电接耐张引线工作，结束后如图 3-21 所示。

记录开始时间和完成时间。

本步结束后状态：

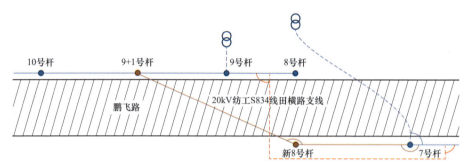

图 3-21   接 7 号杆耐张引线结束后示意图

第十二步：接 9+1 号杆支接引线。

记录工作票编号和 3 号带电作业组负责人。

许可：3 号带电作业组工作任务，纺工 S834 线田横路支线 9+1 号杆带电接支接引线工作，结束后如图 3-22 所示。

记录开始时间和完成时间。

本步结束后状态：

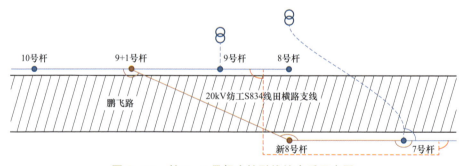

图 3-22   接 9+1 号杆支接引线结束后示意图

第十三步：检测 7 号杆～9+1 号杆通流情况。

经总工作负责人许可，1 号带电作业组使用高压钳形电流表检测旁路高压引下电缆的通流情况，每相检测 3 个点：旁路高压引下电缆及旁路高压引下电缆两侧导线；绝缘操作杆最小有效绝缘长度不小于 0.8m；时刻保持人体与带电体的安全距离不得小于 0.5m。

记录开始时间和完成时间。

第十四步：拉开 2 号旁路开关。

经工作负责人许可后，2 号带电作业组使用操作杆解锁，拉开旁路柱上开关，并进行闭锁。（操作旁路开关时严格执行唱复票流程）

操作流程如下：

① 解锁 2 号旁路开关；② 拉开 2 号旁路开关；③ 闭锁 2 号旁路开关。

记录开始时间和完成时间。

第十五步：拉开 1 号旁路开关。

经工作负责人许可后，1 号带电作业组使用操作杆解锁，拉开旁路柱上开关，并进行闭锁。（操作旁路开关时严格执行唱复票流程）

操作流程如下：

① 解锁 1 号旁路开关；② 拉开 1 号旁路开关；③ 闭锁 1 号旁路开关。

记录开始时间和完成时间。

第十六步：检测柱上旁路开关通流情况。

经工作负责人许可后，1 号带电作业组使用高压钳形电流表检测高压旁路引下电缆，确认旁路柱上开关已断开。检测电流时，每相检测 1 个点：旁路高压引下电缆；绝缘操作杆最小有效绝缘长度不小于 0.8m；时刻保持人体与带电体的安全距离不得小于 0.5m。

记录开始时间和完成时间。

第十七步：断开 7 号杆小号侧、8 号杆大号侧旁路电缆。

记录工作票编号和 1 号带电作业组负责人。

许可：1 号带电作业组工作任务，纺工 S834 线田横路支线 7 号杆小号侧断旁路电缆工作。

记录开始时间和完成时间。

记录工作票编号和 2 号带电作业组负责人。

许可：2 号带电作业组工作任务，纺工 S834 线田横路支线 8 号杆大号侧断旁路电缆工作，结束后如图 3-23 所示。

记录开始时间和完成时间。

本步结束后状态:

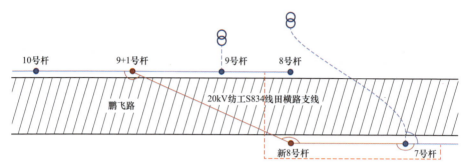

图 3-23 断开 7 号杆小号侧、8 号杆大号侧旁路电缆结束后示意图

第十八步:拆除旁路电缆并放电。

经总工作负责人的许可后,1、2 带电作业组配合拆除旁路电缆,并将已拆除的三相旁路电缆逐相放电。收回旁路电缆。应注意:① 绝缘操作杆最小有效绝缘长度不小于 0.8m;② 时刻保持人体与带电体的安全距离不得小于 0.5m;上下传递时,不应与电杆、绝缘斗发生碰撞。结束后如图 3-24 所示。

记录开始时间和完成时间。

本步结束后状态:

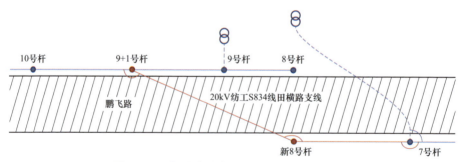

图 3-24 拆除旁路电缆并放电结束后示意图

第十九步:继续 9 号杆直线杆改终端杆工作。

记录工作票编号和 4 号带电作业组负责人。

许可:4 号带电作业组工作任务,完成纺工 S834 线田横路支线 9 号杆直线杆改终端杆剩余工作。结束后如图 3-25 所示。

记录开始时间和完成时间。

本步结束后状态：

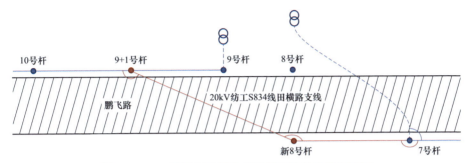

图 3-25 9号杆直线杆改终端杆工作结束后示意图

第二十步：9 号杆断熔断器上引线。

记录工作票编号和 4 号带电作业组负责人。

许可：4 号带电作业组工作任务，纺工 S834 线田横路支线 9 号杆带电断跌落式熔断器上引线工作，结束后如图 3-26 所示。

记录开始时间和完成时间。

本步结束后状态：

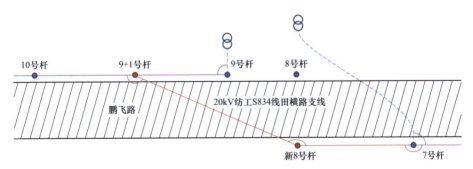

图 3-26 9号杆断熔断器上引线结束后示意图

第二十一步：工作验收。

第 18、19 步完成后，即可开始。

斗内电工撤出带电作业区域时：① 应无大幅晃动现象；② 绝缘斗下降、上升的速度不应超过 0.5m/s；③ 绝缘斗边沿的最大线速度不应超过 0.5m/s。

斗内电工检查施工质量：① 杆上无遗漏物；② 装置无缺陷符合运行条件；③ 向工作负责人汇报施工质量。

第二十二步：撤离杆塔。

下降绝缘斗返回地面、收回绝缘臂时应注意绝缘斗臂车周围杆塔、线路等情况。

6. 工作结束

（1）清理现场。

将绝缘斗臂车各部件复位。需注意：① 收回绝缘斗臂车接地线；② 绝缘斗臂车支腿收回。

工作负责人组织班组成员整理工具、材料。将工器具清洁后放入专用的箱（袋）中。清理现场，做到工完料尽场地清。

（2）召开收工会。

工作负责人组织召开现场收工会，进行工作总结和点评工作：① 正确点评本项工作的施工质量；② 点评班组成员在作业中的安全措施的落实情况；③ 点评班组成员对规程的执行情况。

（3）办理工作终结手续。

工作负责人按工作票内容在工作结束后，恢复线路重合闸，终结工作票。

7. 验收记录

（1）记录检修中发现的问题。

（2）存在问题及处理意见。

8. 现场标准化作业指导书执行情况评估

（1）评估内容：符合性（优、良）；可操作项与不可操作项；可操作性（优、良）；修改项；遗漏项。

（2）存在问题。

（3）改进意见。

3.3　20kV 直线杆改耐张杆并加装柱上开关

屠家 541 线 13 号杆前段调杆调线，保障 13 号杆后段不停电作业，如图 3-27 和图 3-28 所示。

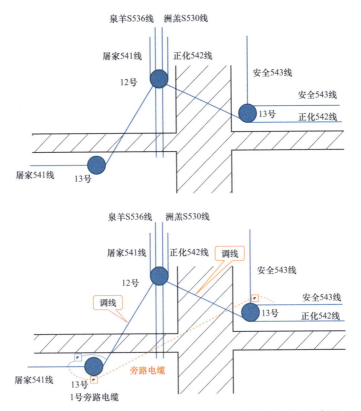

图 3-27 屠家 541 线 13 号杆前段调杆调线作业现场示意图

图 3-28 屠家 541 线 13 号杆前段调杆调线作业现场

⊕ **作业指导案例：**

绝缘手套作业法直线杆开分段改耐张加装柱上开关 20kV 花果 821 线凤鸣东区支干线 1 号杆直线杆开分段改耐张加装柱上负荷开关

1. 范围

本现场标准化作业指导书规定了在"20kV 花果 821 线凤鸣东区支线 1 号杆"采用绝缘斗臂车绝缘手套作业法"带电开分段改耐张加装柱上负荷开关"的工作步骤和技术要求。装置结构图见附录。

本现场标准化作业指导书适用于绝缘斗臂车绝缘手套作业法"20kV 花果 821 线凤鸣东区支线 1 号杆直线杆开分段改耐张加装柱上负荷开关"。

2. 规范性引用文件

下列文件对于本文件的应用是必不可少的。凡是注日期的引用文件，仅注日期的版本适用于本文件。凡是不注日期的引用文件，其最新版本（包括所有的修改单）适用于本文件。

《20kV 配电线路带电作业技术规范》（DLT 2617—2023）

《10kV 配网不停电作业规范》（Q/GDW 10520—2016）

《电力安全工作规程》第 8 部分：配电部分》（Q/GDW 1799.8—2023）

3. 作业人员要求及分工

本项目需要 6 人。

（1）工作负责人 1 人，应具有 3 年以上的配电带电作业实际工作经验，熟悉设备状况，具有一定组织能力和事故处理能力，并经工作负责人的专门培训，考试合格。经本单位总工程师批准、书面公布。

（2）专职监护人 1 人，应通过 20kV 配电线路带电作业专项培训，考试合格并持有上岗证。

（3）1 号绝缘斗臂车斗内电工 1 人，应通过 20kV 配电线路带电作业专项培训，考试合格并持有上岗证。

（4）2 号绝缘斗臂车斗内电工 1 人，应通过 20kV 配电线路带电作业专项培训，考试合格并持有上岗证。

（5）地面电工 1 人，应通过 20kV 配电线路带电作业专项培训，考试合格并持有上岗证。

（6）地面电工 1 人，应通过 20kV 配电线路带电作业专项培训，考试合格并持有上岗证。

4. 工器具

领用绝缘工器具应核对工器具的使用电压等级和试验周期，并应检查外观完好无损。工器具运输，应存放在工具袋或工具箱内；金属工具和绝缘工器具应分开装运。

（1）装备：1 辆绝缘斗臂车（1 号车）；1 辆绝缘斗臂车（2 号车）（17m，SN17B）；3 根绝缘分流线（20kV，6m）。

（2）个人安全防护用具：6 顶绝缘安全帽；2 件绝缘衣；2 副绝缘手套；2 副防护手套；2 根斗内绝缘安全带；2 件绝缘裤；6 双绝缘鞋（套鞋）；2 副护目镜；1 副防电弧面罩。

（3）绝缘遮蔽用具：24 块绝缘毯（800mm×1000mm）；48 只绝缘夹；16 根导线绝缘软管（60cm）；12 根导线遮蔽罩（2.5m）。

（4）绝缘用具：2 把绝缘紧线器（0N−1500）；3 根绝缘绳扣（加强型）；2 根绝缘保险绳（加强型，紧线时，后备保护用）；2 套绝缘传递绳（20m）。

（5）仪器仪表：1 套绝缘检测仪（2500V，最大输出电压应为 5000V，检测悬式绝缘子用）；1 台（只）钳形电流表；1 支高压验电器（20kV）；1 只高压发生器（20kV）；1 套对讲机。

（6）金属用具：1 把棘轮断线钳；2 把绝缘导线剥皮器；4 副卡线器。

（7）其他工具：1 块防潮苫布（3m×3m）；1 套个人工具；2 把钢丝刷；若干副安全遮栏、安全围绳；1 块标示牌（"从此进出！"）；2 块标示牌（"在此工作！"）；2 块路障（"前方施工，车辆慢行"）。

（8）材料。包括装置性材料和消耗性材料。

1 台柱上负荷开关；3 只氧化锌避雷器；12 片悬式绝缘子；6 只耐张线夹；1 副高压双横担；1 副柱上负荷开关托架；20m 架空绝缘导线（JKLYJ−120）；12 只并沟线夹；1 副三针接地；3 盘绝缘自粘带（3M）；若干条清洁干燥布。

5. 作业程序

（1）开工准备。

第一步：现场复勘。工作负责人核对工作线路双重命名、杆号。工作负责人检查地形环境是否符合作业要求：平整坚实；地面倾斜度≯7°。

工作负责人检查线路装置是否具备带电作业条件。

本项作业应检查确认的内容有：作业点及两侧电杆基础、埋深、杆身质量；检查作业点两侧导线应无损伤、绑扎固定应牢固可靠，弧垂适度。

工作负责人检查气象条件（不需现场检查，但需在工作许可时汇报）：天气应晴好，无雷、雨、雪、雾；风力≯10.8m/s；气相对湿度≯80%。

工作负责人检查工作票所列安全措施，在工作票上补充安全措施。

第二步：执行工作许可制度。工作负责人按工作票内容与当值调度员联系，确认线路重合闸装置已退出。联系应用普通话；工作负责人在工作票上签字。

第三：召开现场站班会。工作负责人宣读工作票。工作负责人检查工作班组成员精神状态、交代工作任务进行分工、交代工作中的安全措施和技术措施。工作负责人检查班组各成员对工作任务分工、安全措施和技术措施是否明确。班组各成员在工作票和作业指导书上签名确认。

第四步：停放绝缘斗臂车。斗臂车驾驶员将2辆绝缘斗臂车位置分别停放到最佳位置，1号车在电杆小号侧（即电源侧），2号车在电杆的大号侧（即负荷侧）；停放的位置应便于绝缘斗臂车绝缘斗到达作业位置，避开附近电力线和障碍物，并能保证作业时绝缘斗臂车的绝缘臂有效绝缘长度；停放位置坡度≯7°，绝缘斗臂车应顺线路停放；应做到尽可能小的影响道路交通。

斗臂车操作人员支放绝缘斗臂车支腿：不应支放在沟道盖板上；软土地面应使用垫块或枕木，垫板重叠不超过2块，呈45°角；支腿顺序应正确（"H"型支腿的车型，应先伸出水平支腿，再伸出垂直支腿；在坡地停放，应先支"前支腿"，后支"后支腿"）；支撑应到位。车辆前后、左右呈水平；"H"型支腿的车型四轮应离地。坡地停放调整水平后，车辆前后倾斜应≯3°。

斗臂车操作人员将绝缘斗臂车可靠接地：接地线应采用有透明护套的不小于16mm^{2}的多股软铜线；临时接地体埋深应不少于0.7m。

第五步：布置工作现场。工作负责人组织班组成员设置工作现场的安全围栏、安全警示标志：安全围栏的范围应考虑作业中高空坠落和高空落物的影响以及道路交通，必要时联系交通部门；围栏的出入口应设置合理；警示标示应包括"从此进出""施工现场"等，道路两侧应有"车辆慢行"或"车辆绕行"标示或路障。

班组成员按要求将绝缘工器具放在防潮苫布上，防潮苫布应清洁、干燥；工器具应按定置管理要求分类摆放；绝缘工器具不能与金属根据、材料混放。

第六步：检查绝缘工器具。班组成员逐件对绝缘工器具进行外观检查：检查人员应戴清洁、干燥的手套；绝缘工具表面不应磨损、变形损坏，操作应灵活；个人安全防护用具和遮蔽、隔离用具应无针孔、砂眼、裂纹；检查斗内专用绝缘安全带外观，并作冲击试验。

班组成员使用绝缘电阻检测仪分段检测绝缘工具（本项目的绝缘工具为绝缘拉杆、绝缘传递绳、绝缘绳扣、绝缘后备保护绳、绝缘分流线防坠绳、"T"形绝缘横担）的表面绝缘电阻值，测量电极应符合规程要求（极宽 2cm、极间距 2cm）；正确使用（自检、测量）绝缘电阻检测仪（应采用点测的方法，不应使电极在绝缘工具表面滑动，避免刮伤绝缘工具表面）；绝缘电阻值不得低于 700MΩ。

绝缘工器具检查完毕，向工作负责人汇报检查结果。

第七步：检查绝缘斗臂车。

斗内电工检查绝缘斗臂车表面状况：绝缘斗、绝缘臂应清洁、无裂纹损伤。

斗内电工试操作绝缘斗臂车：试操作应空斗进行；试操作应充分，有回转、升降、伸缩的过程。确认液压、机械、电气系统正常可靠、制动装置可靠。

绝缘斗臂车检查和试操作完毕，斗内电工向工作负责人汇报检查结果。

第八步：检查绝缘分流线。

斗内电工清洁、检查绝缘分流线：清洁绝缘分流线接线夹接触面的氧化物；检查绝缘分流线的额定荷载电流并对照线路负荷电流（可根据现场勘查或运行资料获得），分流线的额定荷载电流应大于等于 1.2 倍的线路负荷电流；绝缘分流线表面绝缘应无明显磨损或破损现象；绝缘分流线接线夹应操作灵活。

第九步：检测柱上负荷开关。班组成员检测柱上负荷开关：

① 核对铭牌参数；

② 清洁瓷件，并作表面检查，瓷件表面应光滑，无麻点，裂痕等；

③ 清除柱上负荷开关接线端子上的金属氧化物或脏污；

④ 试拉合，检查操作机构应动作灵活，分、合位置指示正确可靠；

⑤ 在开关分闸位置时，用绝缘电阻检测仪检测各相断口之间的绝缘电阻；

⑥ 在开关合闸位置时，用绝缘电阻检测仪检测各相对地、各相之间的绝缘

电阻不应低于 500MΩ；

⑦ 检测完毕，向工作负责人汇报检测结果。

第十步：检测悬式绝缘子。

班组成员检测悬式绝缘子：

清洁瓷件，并作表面检查，瓷件表面应光滑，无麻点，裂痕等。

用绝缘电阻检测仪（5000V 电压）逐个进行绝缘电阻测定。绝缘电阻值不得小于 500MΩ。

第十一步：斗内电工进入绝缘斗臂车工作斗。

1 号、2 号绝缘斗臂车斗内电工穿戴好全套的个人安全防护用具：个人安全防护用具包括绝缘帽、绝缘服、绝缘裤、绝缘手套（带防穿刺手套）、绝缘鞋（套鞋）、护目镜等；工作负责人应检查斗内电工个人防护用具的穿戴是否正确。

绝缘斗臂车斗内电工携带工器具进入绝缘斗：工器具应分类放置工具袋中；工器具的金属部分不准超出绝缘斗沿面；工具和人员重量不得超过绝缘斗额定载荷。

绝缘斗臂车斗内电工将斗内专用绝缘安全带系挂在斗内专用挂钩上。

（2）操作步骤。

第一步：进入带电作业区域。1 号、2 号绝缘斗臂车斗内电工经工作负责人许可后，分别操作绝缘斗臂车，进入带电作业区域，绝缘斗移动应平稳匀速，在进入带电作业区域时：

应无大幅晃动现象；

绝缘斗下降、上升的速度不应超过 0.5m/s；

绝缘斗边沿的最大线速度不应超过 0.5m/s；

转移绝缘斗时应注意绝缘斗臂车周围杆塔、线路等情况，绝缘臂的金属部位与带电体和地电位物体的距离大于 1.0m；

进入带电作业区域作业后，绝缘斗臂车绝缘臂的有效绝缘长度不应小于 1.0m。

第二步：验电。

1 号绝缘斗臂车斗内 1 号电工在工作负责人的监护下，使用高压验电器对横担等地电位构件进行验电，确认装置无漏电等绝缘不良现象。应注意：

验电时，必须戴绝缘手套；

验电前，验电器应进行自检，以及使用高压发生器检测验电器是否合格（在保证安全距离的情况下也可在带电体上进行）；

验电时，斗内电工应与邻近的构件、导体保持足够的距离（≮0.5m），高压验电器的绝缘柄的有效绝缘长度≮0.8m；

如横担等接地构件有电，不应继续进行本项目。

第三步：测量架空线路负荷电流。

1 号绝缘斗臂车斗内 1 号电工用钳形电流表检测架空线路负荷电流，确认满足绝缘分流线的负载能力。如不满足要求，应终止本项作业。应注意：

使用钳形电流表时，应先选择最大量程，按照实际符合电流情况逐级向下一级量程切换并读取数据；

检测电流时，应选择内边相架空线路，并与相邻的异电位导体或构件保持足够的安全距离（相对地≮0.5m，相间≮0.7m）。

记录线路负荷电流数值。

第四步：设置内边相绝缘遮蔽隔离措施。

获得工作负责人的许可后，1 号、2 号绝缘斗臂车绝缘斗分别转移至电杆两侧的内边相合适工作位置，按照"由近及远""从下到上""先大后小"的顺序对作业中可能触及的部位进行绝缘遮蔽隔离：

遮蔽的部位和顺序依次为主导线、支持绝缘子、横担；

斗内电工在对带电体设置绝缘遮蔽隔离措施时，动作应轻缓，与横担等地电位构件间应有足够的安全距离（不小于 0.5m），与邻相导线之间应有足够的安全距离（不小于 0.7m）；

1 号、2 号绝缘斗臂车斗内电工应同相进行，且不应发生身体接触；

绝缘遮蔽隔离措施应严密、牢固，绝缘遮蔽组合的重叠距离不得小于 20cm。

第五步：设置外边相绝缘遮蔽措施。

获得工作负责人的许可后，1 号、2 号绝缘斗臂车绝缘斗分别转移至电杆两侧的外边相合适工作位置，按照与内边相相同的方法对作业中可能触及的部位进行绝缘遮蔽隔离。

第六步：设置中间相绝缘遮蔽措施。

获得工作负责人的许可后，1 号、2 号绝缘斗臂车绝缘斗分别转移至电杆两侧的中间相合适工作位置，按照"由近及远""从下到上""先大后小"的顺序对作业中可能触及的部位进行绝缘遮蔽隔离：

遮蔽的部位和顺序依次为主导线、支持绝缘子、电杆杆稍等部位；

斗内电工在对带电体设置绝缘遮蔽隔离措施时，动作应轻缓，与横担等地电位构件间应有足够的安全距离（不小于 0.5m），与邻相导线之间应有足够的安全距离（不小于 0.7m）；

1 号、2 号绝缘斗臂车斗内电工应同相进行，且不应发生身体接触；

绝缘遮蔽隔离措施应严密、牢固，绝缘遮蔽组合的重叠距离不得小于 20cm。

第七步：2 号绝缘斗臂车安装"T"形绝缘横担。

2 号绝缘斗臂车下至地面，在绝缘斗臂车小吊支架上安装"T"形绝缘横担，按照架空线路的三相导线之间的间距安装好线槽架，然后试操作进行调试，最后将"T"形绝缘横担放至最低位置。

第八步：提升三相导线。

2 号绝缘斗臂车斗内电工转移绝缘斗至合适工作位置，在工作负责人的监护下将三相导线放进"T"形绝缘横担的线槽。应注意："T"形绝缘横担应与架空导线垂直，防止绝缘斗臂车受导线侧向拉力；导线放入"T"形绝缘横担的线槽后应扣好扣环，防止松脱；放入后，应稍微提升"T"形绝缘横担，使导线轻微受力。

1 号绝缘斗臂车斗内电工在工作负责人的监护下，依次拆除三相支持绝缘子扎线。拆扎线时应注意：绝缘子底脚和横担的绝缘遮蔽措施应严密牢固；应注意控制扎线的展放长度，一般不宜超过 10cm；应及时恢复导线上的绝缘遮蔽措施。

2 号绝缘斗臂车斗内电工在工作负责人的监护下，控制"T"形绝缘横担提升导线。应注意：导线提升的高度应≥0.5m，并为更换横担留出足够空间；提升导线时，工作负责人应严密注意绝缘斗臂车、作业点两侧电杆及导线的受力情况。

第九步：更换横担、杆头抱箍、安装耐张绝缘子串。

1 号绝缘斗臂车斗内电工与地面电工配合拆除（中间相）杆顶支架和直线横担，安装耐张横担和杆头抱箍，并安装好三相悬式绝缘子串。应注意：上下传递横担等物件应避免与电杆、绝缘斗发生碰撞；横担、绝缘子等不应搁置在绝缘斗上（内）；应防止高空落物。

耐张横担、杆头抱箍的安装工艺应满足施工和验收规范的要求。

安装牢固可靠，螺杆应与构件面垂直，螺头平面与构件间不应有间隙。

螺栓紧好后，螺杆丝扣露出的长度不应少于两个螺距。每端垫圈不应超过2个。

横担组装时，螺栓的穿入方向应符合规定：水平方向由内向外，垂直方向由下向上。杆头抱箍螺栓的穿入由左向右（面向受电侧）或按统一方向。

横担安装应平正，安装偏差应符合规定：横担端部上下歪斜不应大于20mm；横担端部左右扭斜不应大于20mm。

绝缘子串的安装工艺应满足施工和验收规范的要求：

牢固，连接可靠，防止积水；

应清除表面灰垢、附着物及不应有的涂料；

与电杆、导线金具连接处，无卡压现象；

耐张串上的弹簧销子、螺栓及穿钉应由上向下穿。

采用的闭口销或开口销不应有折断、裂纹等现象。当采用开口销时应对称开口，开口角度应为30°～60°。严禁用线材或其他材料代替闭口销、开口销。

第十步：安装紧线用绝缘绳扣、后备保护绳。

在耐张横担和杆头安装绝缘绳扣、后备保护绳。应注意：绝缘绳扣、后备保护绳内侧应做好防磨损的措施。对耐张横担、杆头抱箍、绝缘子串、电杆顶部等进行绝缘遮蔽。应注意：遮蔽措施应严密牢固，绝缘遮蔽组合的重叠距离不得小于20cm。

第十一步：安装柱上负荷开关托架及开关、避雷器及引线。

1 号绝缘斗臂车斗内电工与地面电工安装好柱上负荷开关支架及开关、避雷器。

应注意：吊装柱上负荷开关支架及开关时，应避免与电杆、绝缘斗发生碰撞；在绝缘斗臂车操作绝缘斗臂车小吊时，禁止同时起降绝缘斗臂车绝缘臂；金属材料不应搁置在绝缘斗上（内）；应防止高空落物。

柱上负荷开关托架及开关的安装工艺应符合满足施工和验收规范的要求：托架安装位置应符合要求，一般距上横担为1.0m；托架应牢固可靠，水平倾斜不大于托架长度的1/100；外壳干净，瓷套清洁，无破损等现象。

杆上避雷器的安装，应符合满足施工和验收规范的要求：排列整齐、高低一致，相间距离不小于350mm；引下线短而直、连接紧密。

开关外壳接地、避雷器接地引下线的安装，应满足施工和验收规范的要求：

接地可靠，接地电阻值≯10Ω。

对避雷器安装支架、柱上负荷开关出线套管等进行绝缘遮蔽。应注意：遮蔽措施应严密牢固，绝缘遮蔽组合的重叠距离不得小于 20cm。

第十二步：释放导线。

2 号绝缘斗臂车斗内电工控制"T"形绝缘横担将三相导线暂时搁置在耐张横担上。

应注意：导线、杆头抱箍、耐张横担、耐张绝缘子串以及电杆顶部的绝缘遮蔽措施应严密牢固。导线与横担等物件之间的绝缘遮蔽措施应不少于 3 层；"T"形绝缘横担下降应缓慢平稳；导线应用绝缘短绳进行固定。

2 号绝缘斗臂车斗内电工控制绝缘斗下至地面，拆卸"T"形绝缘横担。

第十三步：挂接中间相导线的绝缘分流线。

1 号、2 号绝缘斗臂车斗内电工在工作负责人的监护下，在中间相架空导线分断点两侧挂接绝缘分流线。

应注意：挂接点应选取在紧线用卡线器的外侧，并留出一定的空间；挂接绝缘分流线前，应先清除架空导线挂接绝缘分流线部位的金属氧化物或脏污；绝缘分流线应先用绝缘防坠绳悬挂在架空导线上；挂接绝缘分流线的两个线夹时，1 号、2 号绝缘斗臂车斗内电工应同相同步进行；绝缘分流线线夹应安装牢固，线夹应尽量垂直向下，避免因扭力使线夹回松；绝缘分流线应固定在耐张横担上。

1 号绝缘斗臂车斗内电工用钳形电流表确认绝缘分流线分流电流。

第十四步：收紧中间相导线。

1 号、2 号绝缘斗臂车斗内电工在工作负责人的监护下，收紧导线。

应注意：紧线时，应保证绝缘绳扣有 0.5m 及以上的绝缘有效长度紧线时，1 号、2 号绝缘斗臂车斗内电工应同时操作，使横担受力均衡；工作负责人应紧密监视电杆、横担的受力情况，同时监视作业点两侧电杆受力情况。

安装好绝缘后备保护绳，并收紧。应注意：后备保护的卡线器应装在与绝缘紧线器连接的卡线器的外侧。

第十五步：中间相导线开分断。

1 号、2 号绝缘斗臂车斗内电工在工作负责人的监护下，用绝缘断线剪开断导线。应注意：1 号、2 号绝缘斗臂车斗内电工分别控制中间相导线开断点两侧的导线，防止开断后，断头晃动。

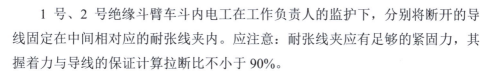

1 号、2 号绝缘斗臂车斗内电工在工作负责人的监护下，分别将断开的导线固定在中间相对应的耐张线夹内。应注意：耐张线夹应有足够的紧固力，其握着力与导线的保证计算拉断比不小于 90%。

完善绝缘子串和耐张线夹的绝缘遮蔽措施。应注意：绝缘遮蔽措施应严密牢固，绝缘遮蔽组合的重叠距离不得小于 20cm。

第十六步：撤除中间相绝缘后备保护绳和绝缘紧线器。

1 号、2 号绝缘斗臂车斗内电工撤除中间相绝缘后备保护绳和绝缘紧线器。应注意：松开紧线器时，1 号、2 号绝缘斗臂车斗内电工应同时操作，以保证横担受力均衡。

恢复导线上的绝缘遮蔽隔离措施。应注意：绝缘遮蔽措施应严密牢固，绝缘遮蔽组合的重叠距离不得小于 20cm。

第十七步：外边相导线开分断改耐张。

在工作负责人的监护下，1 号、2 号绝缘斗臂车斗内电工转移绝缘斗至外边相合适工作位置，按照相同的步骤和方法将外边相导线开分断改耐张。

第十八步：内边相导线开分断改耐张。

在工作负责人的监护下，1 号、2 号绝缘斗臂车斗内电工转移绝缘斗至内边相合适工作位置，按照相同的步骤和方法将内边相导线开分断改耐张。

第十九步：搭接柱上负荷开关中间相引线。

1 号、2 号绝缘斗臂车斗内电工在工作负责人的监护下，转移绝缘斗至中间相合适工作位置，搭接好柱上负荷开关的中相引线。应注意：斗内应注意站位和控制动作幅度，避免身体较长时间触及边相的绝缘遮蔽措施；禁止人体串入电路。

引线的安装工艺和质量应符合施工、验收规范：主导线搭接部位应清除金属氧化物或脏污；引线应采用与主导线相同载流能力的、相同材质的绝缘导线；引线长度和弧度应适宜，引线与电杆等地电位构件间的距离不应小于 20cm，引线与邻相的引线和主导线之间不应小于 30cm；并沟线夹的数量不少于 2 个，有足够的禁固力，引线穿出线夹的长度一般为 2～3cm，两个线夹之间的距离为一个线夹的宽度。

恢复、加强主导线、引线、柱上负荷开关出线套管上的绝缘遮蔽措施。应注意：绝缘遮蔽措施应严密牢固，绝缘遮蔽组合的重叠距离不得小于 20cm。

第二十步：搭接柱上负荷开关外边相引线。

1 号、2 号绝缘斗臂车斗内电工在工作负责人的监护下，转移绝缘斗至外边相合适工作位置，按照相同步骤和方法，搭接好柱上负荷开关的外边相引线。

第二十一步：搭接柱上负荷开关内边相引线。

1 号、2 号绝缘斗臂车斗内电工在工作负责人的监护下，转移绝缘斗至内边相合适工作位置，按照相同步骤和方法，搭接好柱上负荷开关的内边相引线。

第二十二步：柱上负荷开关投入运行。

1 号绝缘斗臂车斗内电工在工作负责人的监护下，使用绝缘拉杆拉合柱上负荷开关，并确认其机械指示已在"合闸"位置。

1 号绝缘斗臂车斗内电工用钳形电流表测量柱上开关三相引线，确认已在通流状态。

第二十三步：撤除绝缘分流线。

1 号、2 号绝缘斗臂车斗内电工在工作负责人的监护下，依次拆除三相绝缘分流线。

应注意：可按"先两边相，后中间相"的顺序进行；1 号、2 号绝缘斗臂车斗内电工应按"同相同步"的要求拆除绝缘分流线；拆除分流线后，应及时完善主导线上的绝缘遮蔽措施。

第二十四步：拆除中间相绝缘遮蔽。

获得工作负责人的许可后，1 号、2 号绝缘斗臂车斗内电工分别转移至电杆两侧的中间相合适工作位置，按照"先小后大""从上到下""由远及近"的顺序拆除绝缘遮蔽措施。

应注意：动作应轻缓，与已撤除绝缘遮蔽措施的异电位物体之间保持足够的距离（相对地不小于 0.5m，相间不小于 0.7m）；1 号、2 号绝缘斗臂车斗内电工应同相进行，且不应发生身体接触。

第二十五步：拆除外边相绝缘遮蔽。

获得工作负责人的许可后，1 号、2 号绝缘斗臂车斗内电工分别转移至电杆两侧的外边相合适工作位置，按照相同的方法和要求拆除外边相绝缘遮蔽隔离措施。

第二十六步：拆除内边相绝缘遮蔽。

获得工作负责人的许可后，1 号、2 号绝缘斗臂车斗内电工分别转移至电杆两侧的内边相合适工作位置，按照相同的方法和要求拆除内边相绝缘遮蔽隔离措施。

第二十七步：工作验收。

斗内电工撤出带电作业区域。撤出带电作业区域时：应无大幅晃动现象；绝缘斗下降、上升的速度不应超过 0.5m/s；绝缘斗边沿的最大线速度不应超过 0.5m/s。

斗内电工检查施工质量；杆上无遗漏物；装置无缺陷符合运行条件；向工作负责人汇报施工质量。

第二十八步：撤离杆塔。

下降绝缘斗返回地面、收回绝缘臂时应注意绝缘斗臂车周围杆塔、线路等情况。

20kV 直线杆改耐张杆并加装柱上开关带电作业如图 3−29 所示。

图 3−29　20kV 直线杆改耐张杆并加装柱上开关带电作业

6. 工作结束

（1）工作负责人组织班组成员清理工具和现场。

绝缘斗臂车各部件复位，收回绝缘斗臂车支腿。工作负责人组织班组成员整理工具、材料。将工器具清洁后放入专用的箱（袋）中。清理现场，做到"工完、料尽、场地清"。

（2）工作负责人召开收工会。

工作负责人组织召开现场收工会，做工作总结和点评工作：

正确点评本项工作的施工质量；

点评班组成员在作业中的安全措施的落实情况；

点评班组成员对规程的执行情况。

（3）办理工作终结手续。工作负责人向调度汇报工作结束，并终结工作票。

7. 验收记录

（1）记录检修中发现的问题。

（2）存在问题及处理意见。

8. 现场标准化作业指导书执行情况评估

（1）评估内容：符合性（优、良）；可操作项与不可操作项；可操作性（优、良）；修改项；遗漏项。

（2）存在问题。

（3）改进意见。

9. 附录（见图 3-30、图 3-31）

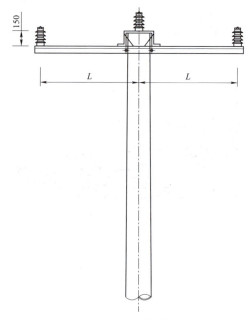

图 3-30　开分断前的装置示意图

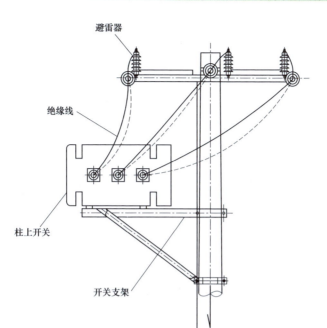

避雷器

绝缘线

柱上开关

开关支架

接地装置

图 3-31　开分断、加装柱上负荷开关后的装置示意图

第四章　20kV 配电不停电作业技术分析

1. 20kV 配电不停电作业技术难点

1.1　公共部分

配电带电作业安全风险辨识内容：

1. 人员管理

（1）培训。作业人员技能和管理水平低下。

（2）上岗资格认证。

1）作业人员无上岗资格证。

2）带电作业工作票签发人和工作负责人、专责监护人无相应资质，缺乏实践经验。

2. 工器具管理

（1）绝缘工器具库房管理。管理绝缘工器具保管不当，机电性能降低。

（2）绝缘工器具运输管理。管理绝缘工器具保管不当，机电性能降低。

（3）绝缘工器具现场。

1）绝缘工器具保管不当，机电性能降低。

2）不能及时发现绝缘工器具的绝缘和操作缺陷。

3）新工具未经验证投入使用。

（4）绝缘斗臂车库房管理。绝缘斗臂车保管、保养不善，机电性能、操作性能降低。

3．作业程序

（1）作业计划。计划管理混乱，任务来源不明确。

（2）现场勘察。未组织现场勘察或现场勘察记录缺乏对工作的指导作用。

（3）工作票签发。

1）工作不具备必要性、安全性的情况下签发工作。

2）工作班成员配置不合理。

3）工作票信息不完整或错误。

4）没有编制相应的施工方案或现场标准化作业指导书。

（4）现场复勘。

1）工作地点错误。

2）装置条件与前期勘察结果不符，不满足作业条件。

3）气象条件不满足作业要求。

4）作业环境与前期勘察结果不符，不满足停放绝缘斗臂车，工器具现场管理等要求。

（5）工作许可。过电压伤害。

（6）现场站班会。分工不明确，安全措施不能落实到位。

（7）作业现场布置。

1）无关人员进入工作区域，受到高空落物打击。

2）绝缘斗臂车倾覆，高空坠落。

3）绝缘斗臂车电气、机械、液压系统缺陷，作业中失去控制。

4）感应电触电。

（8）杆上作业。

1）没有正确使用个人防护用具，作业中发生触电。

2）安全距离、绝缘工具有效绝缘长度不满足要求或绝缘遮蔽措施不到位，导致触电。

3）高空坠落。

4）高空落物、重物打击。

5）监护不到位。

6）其他。

（9）工作间断、转移。

1）作业中，线路突然停电。

2）作业中，相关设备发生故障。

3）作业中，与作业线路有联系的馈线进行倒闸操作。

4）工作班人员变化。

5）天气突然变化。

（10）工作终结。杆塔、现场有影响线路、设备安全运行的遗留物。

1.2 专业部分

1. 配网不停电作业第一类项目

配网不停电作业第一类项目主要有：临近带电体作业和简单绝缘杆作业法项目，共 4 个项目。临近带电体作业项目包括装或拆接触设备套管等；简单绝缘杆作业法项目包括更换避雷器、断、接熔断器上引线、分支线路引线、耐张杆引流线。

配网不停电作业第一类项目作业安全风险辨识内容：

（1）普通消缺及装拆附件（包括：修剪树枝；装或拆接触设备套管等）。

1）高空落物。

2）动作幅度大，引发短路事故。

（2）绝缘杆作业法带电更换避雷器。

1）装置不符合作业条件，接触电压触电。

2）作业空间狭小，引发短路事故。

（3）绝缘杆作业法带电断引流线（包括：熔断器上引线、分支线路引线、耐张杆引流线）。

1）装置不符合作业条件，带负荷或空载电流大于 0.1A 断引线。

2）感应电触电。

3）作业空间狭小，引发接地短路。

4）高空落物。

（4）绝缘杆作业法带电接引流线（包括：熔断器上引线、分支线路引线、耐张杆引流线）。

1）装置不符合作业条件，带负荷或空载电流大于 0.1A 接引线。

2）感应电触电。

3）作业空间狭小，引发接地短路。

4）高空落物。

2. 配网不停电作业第二类项目

配网不停电作业第二类项目主要有：简单绝缘手套作业法项目，共 10 个项目。包括断接引线、更换直线杆绝缘子及横担、不带负荷更换柱上开关设备等。

配网不停电作业第二类项目作业安全风险辨识内容：

（1）绝缘手套作业法普通消缺及装拆附件（包括：清除异物；加装接地环；加装或拆除接触设备套管等）。

1）重合闸过电压。

2）高空落物。

3）动作幅度大，引发短路事故。

（2）绝缘手套作业法带电辅助加装或拆除绝缘遮蔽。

1）重合闸过电压。

2）高空落物。

3）动作幅度大，引发短路事故。

（3）绝缘手套作业法带电更换避雷器。

1）重合闸过电压。

2）装置不符合作业条件。

3）泄漏电流伤人。

4）作业空间狭小，人体串入电路，触电。

（4）绝缘手套作业法带电断引流线（包括：熔断器上引线、分支线路引线、耐张杆引流线）。

1）重合闸过电压。

2）装置不符合作业条件，带负荷或空载电流大于 0.1A 断引线。

3）跌落式熔断器瓷柱绝缘性能不良，泄漏电流伤人。

4）断引线的方式的选择应用与支接线路空载电流大小不适应，弧光伤人。

5）感应电触电。

6）作业空间狭小，人体串入电路，触电。

（5）绝缘手套作业法带电接引流线（包括：熔断器上引线、分支线路引线、耐张杆引流线）。

1）重合闸过电压。

2）装置不符合作业条件，带负荷或空载电流大于 0.1A 断引线。

3）跌落式熔断器瓷柱绝缘性能不良，搭接引线时泄漏电流伤人。

4）接引线的方式的选择应用与支接线路空载电流大小不适应，弧光伤人。

5）感应电触电。

6）作业空间狭小，人体串入电路，触电。

（6）绝缘手套法带电更换熔断器。

1）重合闸过电压。

2）装置不符合作业条件。

3）跌落式熔断器瓷柱绝缘性能不良，泄漏电流伤人。

4）作业空间狭小，人体串入电路，触电。

（7）绝缘手套法带电更换直线杆绝缘子。

1）重合闸过电压。

2）装置不符合作业条件。

3）导线失去控制，引发接地短路事故。

4）作业空间狭小，人体串入电路，触电。

（8）绝缘手套法带电更换直线杆绝缘子及横担。

1）重合闸过电压。

2）装置不符合作业条件。

3）导线失去控制，引发接地短路事故。

4）作业空间狭小，人体串入电路，触电。

（9）绝缘手套法带电更换耐张杆绝缘子串。

1）重合闸过电压。

2）装置不符合作业条件。

3 导线失去控制，引发导线伤人、接地短路事故。

4）作业空间狭小，人体串入电路，触电。

（10）绝缘手套法带电更换柱上开关或隔离开关。

1）重合闸过电压。

2）装置不符合作业条件。

3）旧开关设备绝缘性能和机械性能不良，泄漏电流或短路电流电弧伤人。

4）新开关设备的绝缘性能和操作性能不良，带负荷接引线，泄漏电流或短路电流电弧伤人。

5）作业空间狭小，人体串入电路，触电。

6）重物打击，高空落物。

3. 配网不停电作业第三类项目

配网不停电作业第三类项目主要有：复杂绝缘杆作业法和复杂绝缘手套作业法项目，共 13 个项目。复杂绝缘杆作业法项目包括更换直线绝缘子及横担等；复杂绝缘手套作业法项目包括带负荷更换柱上开关设备、直线杆改耐张杆、带电撤立杆等。

配网不停电作业第三类项目作业安全风险辨识内容：

（1）绝缘杆作业法带电更换直线杆绝缘子。

1）装置不符合作业条件。

2）个人防护用具使用不当，接触电压触电。

3）导线失去控制，引发接地短路事故。

4）作业空间狭小，人体串入电路，触电。

（2）绝缘杆作业法带电更换直线杆绝缘子及横担。

1）装置不符合作业条件。

2）个人防护用具使用不当，接触电压触电。

3）导线失去控制，引发接地短路事故。

4）作业空间狭小，人体串入电路，触电。

（3）绝缘杆作业法带电更换熔断器。

1）装置不符合作业条件。

2）作业空间狭小，引发接地短路。

3）更换熔断器时安全距离不足，触电。

4）高空落物。

（4）绝缘手套作业法带电更换耐张绝缘子串及横担。

1）重合闸过电压。

2）装置不符合作业条件。

3）导线失去控制，引发导线伤人、接地短路事故。

4）作业空间狭小，人体串入电路，触电。

5）电杆受力不均倒杆、横担扭转。

（5）绝缘手套作业法带电组立或撤除直线电杆。

1）重合闸过电压。

2）装置不符合作业条件。

3）吊车起重工作中倾覆。

4）静电感应电压触电。

5）接触电压触电。

6）作业空间狭小，导线受压单相接地。

7）重物打击。

（6）绝缘手套作业法带电更换直线电杆。

1）重合闸过电压。

2）装置不符合作业条件。

3）吊车起重工作中倾覆。

4）静电感应电压触电。

5）接触电压触电。

6）作业空间狭小，导线受压单相接地。

7）重物打击。

（7）绝缘手套作业法带电直线杆改终端杆。

1）重合闸过电压。

2）装置不符合作业条件。

3）紧线或断线时发生倒杆，重物打击。

4）直线横担改耐张横担，拆导线绑扎线和直线杆绝缘子时，短路。

5）直线横担改耐张横担，转移导线时，逃线。

6）紧线及断线时逃线。

7）紧线时，相对地泄漏电流或接地电流伤人。

8）导线固结至耐张线夹时，人体串入电路或发生接地短路，触电。

9）防止感应电触电。

（8）绝缘手套作业法带负荷更换熔断器。

1）重合闸过电压。

2）装置不符合作业条件。

3）旧跌落式熔断器瓷柱绝缘性能不良，泄漏电流伤人。

4）旁路回路过载。

5）短接跌落式熔断器的方式选择不当，导致相间短路、带负荷断接。

6）新跌落式熔断器的绝缘性能和操作性能不良，泄漏电流或短路电流电弧伤人。

7）跌落式熔断器引线相序错误，合闸时相间短路。

8）带负荷拆旁路回路。

9）作业空间狭小，人体串入电路，触电。

10）高空落物。

（9）绝缘手套作业法带负荷更换导线非承力线夹。

1）重合闸过电压。

2）装置不符合作业条件。

3）旁路回路过载。

4）短接导线非承力线夹的方式选择不当，导致相间短路。

5）导线非承力线夹断开后控制不当，导致接地或相间短路。

6）带负荷拆旁路回路。

7）作业空间狭小，人体串入电路，触电。

8）高空落物。

（10）绝缘手套作业法带负荷更换柱上开关或隔离开关。

1）重合闸过电压。

2）装置不符合作业条件。

3）旧开关设备绝缘性能和机械性能不良，泄漏电流或短路电流电弧伤人。

4）旁路回路过载。

5）短接柱上开关设备的方式选择不当，导致相间短路。

6）新开关设备的绝缘性能和操作性能不良，泄漏电流或短路电流电弧伤人。

7）开关设备引线相序错误，合闸时相间短路。

8）带负荷拆绝缘分流线或旁路回路。

9）作业空间狭小，人体串入电路，触电。

10）重物打击，高空落物。

（11）绝缘手套作业法带负荷直线杆改耐张杆。

1）重合闸过电压。

2）装置不符合作业条件。

3）紧线或断线时发生倒杆，重物打击。

4）直线横担改耐张横担，拆导线绑扎线和直线杆绝缘子时，短路。

5）直线横担改耐张横担，转移导线时，逃线。

6）带负荷断导线，旁路设备过载。

7）短接开断点的方式不当，短路。

8）紧线及断线时逃线。

9）紧线时，相对地泄漏电流或接地电流伤人。

10）导线固结至耐张线夹时，人体串入电路或发生接地短路，触电。

11）安装过引线时，作业空间狭小。

（12）绝缘手套作业法带电断空载电缆线路与架空线路连接引线。

1）重合闸过电压。

2）装置不符合作业条件。

3）带电作业用消弧开关断口间绝缘性能不良，开断后不能起到真正切断电路的作用。组装或拆卸消弧开关和绝缘分流线组成的旁路回路时，空载电流大于 0.1A 电弧伤人。

4）消弧开关组装、使用、拆除方式错误空载电流电弧灼伤斗内电工或产生过电压电击斗内电工。

5）已断开相电缆电容电荷对人体放电导致触电。

6）已断开相电缆终端引线对地电位构件放电弧光伤人，感应电触电。

7）作业空间狭小，触电。

（13）绝缘手套作业法带电接空载电缆线路与架空线路连接引线。

1）重合闸过电压。

2）装置不符合作业条件。

3）带电作业用消弧开关断口间绝缘性能不良，开断后不能起到真正切断电路的作用。组装或拆卸消弧开关和绝缘分流线组成的旁路回路时，空载电流大于 0.1A 电弧伤人。

4）消弧开关组装、使用、拆除方式错误空载电流电弧灼伤斗内电工或产生过电压电击斗内电工。

5）未接通相电缆终端引线对地电位构件放电弧光伤人，感应电触电。

6）作业空间狭小，触电。

4. 配网不停电作业第四类项目

配网不停电作业第四类项目主要有：复杂绝缘手套项目和综合不停电作业项目，共 6 个项目。包括直线杆改耐张杆并加装柱上断路器或隔离开关、更换柱上变压器、旁路作业检修电缆线路、旁路作业检修环网箱等。

配网不停电作业第四类项目作业安全风险辨识内容：

（1）绝缘手套作业法带负荷直线杆改耐张杆并加装柱上开关或隔离开关。

1）重合闸过电压。

2）装置不符合作业条件。

3）紧线或断线时发生倒杆，重物打击。

4）直线横担改耐张横担，拆导线绑扎线和直线杆绝缘子时，短路。

5）直线横担改耐张横担，转移导线时，逃线。

6）带负荷断导线，旁路设备过载。

7）短接开断点的方式不当，短路。

8）紧线及断线时逃线。

9）紧线时，相对地泄漏电流或接地电流伤人。

10）导线固结至耐张线夹时，人体串入电路或发生接地短路，触电。

11）吊装开关设备及上下传递材料时，重物打击，高空落物。

12）新开关设备的绝缘性能和操作性能不良，泄漏电流或短路电流电弧伤人。

13）开关设备引线相序错误，合闸时相间短路。

14）带负荷拆绝缘分流线或旁路回路。

15）作业空间狭小，人体串入电路，触电。

16）监护不到位。

（2）综合不停电作业法不停电更换柱上变压器。

1）重合闸过电压。

2）装置不符合作业条件。

3）作业地点环境不符合停放移动电源车等特种工程车辆的需求。

4）移动箱变车不符合并列运行条件，强行并列对变压器造成冲击，产生的环流超过变压器承载能力。

5）移动箱变车设备绝缘缺陷漏电、感应电等引起的接触电压触电。

6）发电车与杆上变压器低压侧非同期并列，或发电车作为电动机运行。

7）更换变压器时，电容电荷对地面电工放电。

8）变压器运行产生的高温烫伤地面电工。

9）更换变压器时，误碰带电设备。

（3）综合不停电作业法旁路作业检修架空线路。

1）重合闸过电压。

2）装置不符合作业条件。

3）作业地点环境不符合停放工程车辆的需求。

4）旁路作业装备机电性能不良。

5）旁路作业装备受外力破坏。

6）旁路作业装备电容电荷对地面电工放电。

7）旁路作业设备感应电压造成接触电压触电。

8）旁路回路组装相序错误，投运时造成相间短路。

9）在架空线路上断、接旁路高压引下电缆时，电缆空载电容电流引起的电弧伤人。

（4）综合不停电作业法旁路作业检修电缆线路。

1）装置条件不符合作业条件。

2）作业方案与装置条件不匹配。

3）作业地点环境不符合停放工程车辆的需求。

4）旁路作业装备电容电荷对地面电工放电。

5）环网柜带电接入旁路柔性电缆肘型终端设备带电触电。

6）旁路作业设备感应电压造成接触电压触电。

7）旁路回路组装相序错误，投运时造成相间短路。

8）倒闸操作顺序错误，引发接地短路事故。

9）旁路回路超载、金属护层环流使旁路作业装备过热。

（5）综合不停电作业法旁路作业检修环网箱。

1）装置条件不符合作业条件。

2）作业方案与装置条件不匹配。

3）作业地点环境不符合停放工程车辆的需求。

4）旁路作业装备电容电荷对地面电工放电。

5）环网柜带电接入旁路柔性电缆肘型终端设备带电触电。

6）旁路作业设备感应电压造成接触电压触电。

7）旁路回路组装相序错误，投运时造成相间短路。

8）倒闸操作顺序错误，引发接地短路事故。

9）旁路回路超载、金属护层环流使旁路作业装备过热。

（6）综合不停电作业法从环网箱（架空线路）等设备临时取电给环网箱、移动箱变供电。

1）装置条件不符合作业条件。

2）作业方案与装置条件不匹配。

3）旁路柔性电缆电容电荷对电工放电。

4）旁路作业设备感应电压造成接触电压触电。

5）临时取电回路组装相序错误，投运时造成相间短路或高压负荷设备反转。

6）倒闸操作顺序错误，引发接地短路事故。

7）临时取电回路超载、金属护层环流使旁路作业装备过热。

2. 20kV 配电不停电作业解决方案

2.1　公共部分

配电带电作业安全风险控制措施：

1. 人员管理

（1）培训。

应经专门培训取得作业项目相应的资格证书。

（2）上岗资格认证。

1）应经实习和获得单位批准取得作业项目的上岗资格。

2）工作负责人和工作票签发人应具有 3 年及以上的实践经验，并经单位批准公布。

2. 工器具管理

（1）绝缘工器具库房管理。

库房湿度≯60%；室内外温度差≯5℃（或硬质绝缘工具、软质绝缘工具、检测工具、屏蔽用具的存放区，温度宜控制在 5℃～40℃内；配电带电作业用绝缘遮蔽用具、绝缘防护用具的存放区的温度，宜控制在 10℃～21℃之间）；

绝缘工器具放置高度距地面应高于 20cm；

及时处理绝缘性能受损的绝缘工器具；

应按照预防性试验周期进行试验，并满足试验要求；

库房不得存放酸、碱、油类和化学药品等污染绝缘工器具。

（2）绝缘工器具运输管理。

绝缘工器具应放置在干燥的专用的箱、袋内，不得与金属工器具、材料混放。

（3）绝缘工器具现场。

1）绝缘工器具不得与金属工器具、材料混放。绝缘工器具应放置在防潮垫上。

2）作业前，应用干燥清洁的毛巾逐件擦拭绝缘工器具，并作外观检查。用 2500V 及以上的绝缘电阻检测仪和标准电极分段检测绝缘工具（绝缘操作杆、绝缘绳）的绝缘电阻≮700MΩ。在湿度大于 80%的情况下，绝缘工器具户外暴露时间超过 4 小时的，应使用移动库房进行管理。

3）研制的新工具，应经验证和本单位批准后，方可投入使用。

（4）绝缘斗臂车库房管理。

库房应规范配置除湿、烘干装置；应按照预防性试验周期进行试验，并进行日常检查。

3. 作业程序

（1）作业计划。

配电带电作业计划应纳入市、县公司月度生产计划、周生产计划统一管理，并发文下达；无法纳入计划管理的临时性作业或抢修，应有工作任务单或联系函等书面管理依据；作业项目应经试验、论证、验收和本单位批准。

（2）现场勘察。

带电作业工作应组织现场勘察；

现场勘察人员应是工作票签发人或工作负责人；

勘察要素应明确，记录完整，勘察内容具有针对性（包含同杆塔架设线路及其方位和电气间距、作业现场条件和环境及其他影响作业的因素）；

现场停放绝缘斗臂车的道路坡度≯7°，地面坚实，并便于设置绝缘斗臂车接地的位置，绝缘斗臂车拟停放的位置满足绝缘斗臂车作业范围。

（3）工作票签发。

1）工作票签发人应根据现场勘察情况并结合工作的重要程度，对工作的安全性和必要性负责。

2）工作负责人和工作票签发人不得兼任。工作班成员的数量配置应充分。绝缘杆作业法常规作业项目一般最少不得少于 4 人（工作负责人 1 名，杆上电工 2 名，地面电工 1 名）；绝缘手套作业法常规项目最少不得少于 3 人（工作负责人 1 名，斗内电工 1 名，地面电工 1 名）。作业人员的资质应满足要求，作业项目应经培训考试合格，并经单位批准。

3）工作票中的工作条件除注明采用的带电作业方法外，还应注明运维人员应采取的安全措施，如作业点负荷侧需要停电的线路、设备和应装设的安全遮栏（围栏）、悬挂的标示牌等。工作票中的安全注意事项应具有针对性。

4）每项配电带电作业均应编制使用标准化作业指导书，架空线路四类作业、电缆不停电二、三类作业项目应编制应用详细的实施方案。

（4）现场复勘。

1）到达现场应核对线路名称或设备的双重命名。

2）到达现场应与运维人员一起确认安全措施已经落实，并检查作业装置、杆根、杆身等情况。

3）应在良好的天气下进行作业，到达现场应实测湿度≯80%，风速≯5 级。

4）到达现场应检查作业环境，正确布置工作现场，及时补充和落实安全措施。

（5）工作许可。

现场工作前，工作负责人应与值班调控人员或运维人员联系；需要停用重合闸的作业和带电作业断、接引线工作应与值班调控人员履行许可手续；禁止约时停用线路重合闸装置。

（6）现场站班会。

分工、责任明确；责任人能力与分工应相匹配，责任人精神状态饱满；工作班成员应穿棉质工作服，正确配戴安全帽，脚穿绝缘鞋。杆上（斗内）电工禁止佩戴项链和携带移动电话。

（7）作业现场布置。

1）设置围栏，围栏设置满足高空坠落半径；现场警示标识或标识齐全明显。

2）绝缘斗臂车水平支腿尽量伸出；支腿设置坚实路面，软土地面应使用枕木或垫板；整车离地，整车水平度＞3°。

3）绝缘斗臂车应在下部操作台进行充分的试操作，试操作时应空斗进行。

4）绝缘斗臂车整车接地，接地线＜16mm²，接地棒埋设深度＜0.6m。

（8）杆上作业。

1）绝缘杆作业法，杆上电工应戴绝缘手套、绝缘披肩；绝缘手套作业法，斗内电工应穿绝缘服或绝缘披肩、绝缘袖套，戴绝缘手套和绝缘安全帽、穿绝缘靴等。作业中，禁止摘下或脱下个人绝缘防护用具。作业中有断、接引线环节的工作，斗内（杆上）电工应戴护目镜。

2）作业时相对地安全距离＜0.5m，相间＜0.7m，不满足要求的情况下应设置绝缘遮蔽措施。按照"从下到上，由近及远、先大后小"的原则设置绝缘遮蔽措施。绝缘遮蔽范围为人体活动范围加上 0.5m 内可以触及的异电位物体，绝缘或绝缘遮蔽措施应严密牢固，绝缘遮蔽组合之间的重叠长度＜20cm。作业中有主绝缘保护作用的绝缘杆及绝缘绳索有效绝缘长度不满足要求（标准值：绝缘杆＜0.8m；承力工具＜0.5m）。作业中，绝缘斗臂车伸缩式绝缘臂有效绝缘长度＜1.0m，金属臂与带电导体间距离＜1.0m。

3）作业中应全过程使用安全带。绝缘手套作业法应使用绝缘安全带；绝缘杆作业法杆上作业电工应正确使用安全带和后备保护绳，不得在换位中失去安全带的保护。绝缘斗臂车工作斗、绝缘平台、脚扣、升降板等不得超载使用。绝缘斗臂车工作斗内不得放置垫板（块），防止垫块滑动致使斗内电工站立不稳定，从斗内跌出。

4）工器具、材料应使用吊绳上下传递，吊绳绑扎物件的绳扣、绑扎部位等应选择正确，绑扎牢固。地面工作人员（工作负责人、专责监护人和地面电工）不得站在绝缘斗臂车的绝缘臂和绝缘斗下方。

5）监护人监护的范围不得超过一个作业点，不得直接参与作业。杆上作业人员应在监护人的监护下进行换相工作转移。

6）在带电作业区域，绝缘斗臂车工作斗移动速度过快，工作斗外沿速度≯0.5m/s。绝缘斗臂车工作斗内工器具金属部件不得超出工作斗沿面。

（9）工作间断、转移。

1）应视线路仍然带电，杆上（斗内）作业人员撤除带电作业区域；工作负责人应尽快与调度控制中心或设备运维管理单位联系。值班调控人员或运维人员未与工作负责人取得联系前不得强送电。

2）工作负责人发现或获知相关设备发生故障，应立即停止作业，撤离人员，并立即与值班调控人员或运维人员取得联系。

3）工作负责人由值班调控人员或运维人员告知倒闸操作任务时，应立即停止作业，撤离带电作业区域。

4）高温或工作时间较长，杆上（斗内）、杆下作业人员应交替工作，在工作间断恢复工作前，应重新进行安全技术交底并确认；由于特殊原因，工作负责人、专责监护人发生变动，应执行工作间断制度，重新进行安全技术交底并确认。

5）停止作业。

（10）工作终结。

撤除绝缘遮蔽措施前，应检查杆塔、导线、绝缘子及其他辅助设备上无遗留物。撤离工作现场前，应清扫整理，不应留有影响交通的遗留物。

2.2 专业部分

1. 配网不停电作业第一类项目作业典型控制措施：

（1）普通消缺及装拆附件（包括：修剪树枝；装或拆接触设备套管等）。

1）应对被修剪的树枝作有效控制，避免砸落时压住导线和斗内作业人员、车辆。

2）在拆除风筝等异物以及修剪树枝时控制动作幅度。

（2）绝缘杆作业法带电更换避雷器。

1）登杆前，应检查避雷器外观及接地引下线和接地体的情况：避雷器损坏、有明显接地现象，禁止作业。避雷器接地引下线缺失情况下，禁止作业。接地体不良的情况下，应加强接地措施后才能登杆作业。

2）有效控制避雷器引线；做好避雷器相间的绝缘遮蔽隔离措施；断避雷器每相引线的顺序：先干线处，再避雷器接线柱；接与断时相反。

（3）绝缘杆作业法带电断引流线（包括：熔断器上引线、分支线路引线、耐张杆引流线）。

1）断熔断器上引线：工作当日到达现场进行复勘时，工作负责人应与运维单位人员共同检查并确认跌落式熔断器已拉开，熔管已取下。

断分支线路引线或耐张杆引流线：工作当日到达现场进行复勘时，工作负责人应与运维单位人员共同检查并确认引线负荷侧开关确已断开，电压互感器、变压器等已退出；杆上作业电工进入带电作业区域后，应用高压钳形电流表测量支接线路电流不大于 0.1A。

2）应将已断开相导线视作带电体，控制作业幅度保持足够距离。

3）有效控制引线。断三相引线的顺序应为"先两边相，再中间相"。断每相引线的顺序应为：先干线处，再跌落式熔断器静触头处。

4）剪断的引线应有效控制，防止高空落物。

（4）绝缘杆作业法带电接引流线（包括：熔断器上引线、分支线路引线、耐张杆引流线）。

1）接熔断器上引线：工作当日到达现场进行复勘时，工作负责人应与运维单位人员共同检查并确认跌落式熔断器已拉开，熔管已取下。

接分支线路引线或耐张杆引流线：工作票签发人应根据现场勘察数据估算空载电流不大于 0.1A；工作当日到达现场进行复勘时，工作负责人应与运维单位人员共同检查并确认引线负荷侧开关确已断开，电压互感器、变压器等已退出。

2）应将未接通相导线视作带电体，控制作业幅度保持足够距离。

3）有效控制引线。接三相引线的顺序应为"先中间相，再两边相"。先将三相引线安装到跌落式熔断器上接线柱处，再逐相将引线搭接到干线上。

4）安装引线时，防止螺母垫片等掉落。传送线夹时应牢固稳定。

2. 配网不停电作业第二类项目作业典型控制措施

（1）绝缘手套作业法普通消缺及装拆附件（包括：清除异物；加装接地环；

加装或拆除接触设备套管等）。

1）应停用作业线路变电站内开关的自动重合闸装置；馈线自动化配电网络，应停用作业点来电侧分段器的自动合闸功能。

2）应对被修剪的树枝作有效控制，避免砸落时压住导线和斗内作业人员、车辆。

3）在拆除风筝等异物以及修剪树枝时控制动作幅度。

（2）绝缘手套作业法带电辅助加装或拆除绝缘遮蔽。

1）应停用作业线路变电站内开关的自动重合闸装置；馈线自动化配电网络，应停用作业点来电侧分段器的自动合闸功能。

2）应对遮蔽用具做有效控制及固定，避免掉落。

3）在装或拆除绝缘遮蔽时控制动作幅度。

（3）绝缘手套作业法带电更换避雷器。

1）应停用作业线路变电站内开关的自动重合闸装置。馈线自动化配电网络，应停用作业点来电侧分段器的自动合闸功能。

2）工作当日到达现场进行复勘时，工作负责人应检查避雷器外观及接地引下线和接地体的情况：避雷器损坏、有明显接地现象，禁止作业；避雷器接地引下线缺失情况下，禁止作业；接地体不良的情况下，应加强接地措施后才能进入绝缘斗臂车工作斗升空作业。

3）在进入带电作业区域后，对避雷器横担、电杆等部位进行验电；在拆除避雷器引线前，应用钳形电流表测量避雷器泄漏电流不大于 0.1A；在拆除、搭接避雷器引线时，应使用绝缘操作杆。

4）有效控制引线；宜依次将三相避雷器引线从干线（或设备引线）处解除后，一起更换，然后逐相搭接避雷器引线；断避雷器引线宜按"先两边相，再中间相"或"从近到远"的顺序进行，恢复时相反。

（4）绝缘手套作业法带电断引流线（包括：熔断器上引线、分支线路引线、耐张杆引流线）。

1）应停用作业线路变电站内开关的自动重合闸装置；馈线自动化配电网络，应停用作业点来电侧分段器的自动合闸功能。

2）断熔断器上引线：工作当日到达现场进行复勘时，工作负责人应与运维单位人员共同检查并确认跌落式熔断器已拉开，熔管已取下。

断分支线路引线或耐张杆引流线：工作当日到达现场进行复勘时，工作负责人应与运维单位人员共同检查并确认引线负荷侧开关确已断开，电压互感器、变压器等已退出；杆上作业电工进入带电作业区域后，应用高压钳形电流表测量支接线路电流不大于 0.1A。

3）在进入带电作业区域后，应对跌落式熔断器安装横担、下引线进行验电，有电时：应增强带电导线对横担之间的绝缘遮蔽隔离措施；在拆引线前，用钳形电流表测量引线电流不应大于 0.1A，并用绝缘操作杆断引线，使作业人员与断开点保持足够距离。

4）在签发工作票前，应根据现场勘察记录估算支接线路空载电流以判断作业的安全性，编制现场标准化作业指导书时，应根据估算数据选取合适的作业方式：空载电流大于 5A 禁止断引线；空载电流大于 0.1A 小于 5A，应用带电作业消弧开关。

在拆引线前，应用钳形电流表测量支接线路引线电流进行验证。

5）已断开相引线应视作有电。

6）有效控制引线；作业中，防止人体串入已断开的跌落式熔断器引线和干线之间；断引线的正确顺序为"先两边相，再中间相"或"由近及远"。

（5）绝缘手套作业法带电接引流线（包括：熔断器上引线、分支线路引线、耐张杆引流线）。

1）应停用作业线路变电站内开关的自动重合闸装置；馈线自动化配电网络，应停用作业点来电侧分段器的自动合闸功能。

2）接熔断器上引线：工作当日到达现场进行复勘时，工作负责人应与运维单位人员共同检查并确认跌落式熔断器已拉开，熔管已取下。

接分支线路引线或耐张杆引流线：工作当日到达现场进行复勘时，工作负责人应与运维单位共同检查并确认：其一，引线负荷侧开关应处于断开状态；其二，负荷侧电压互感器、变压器应已断开。在接引线前，应用绝缘电阻检测仪测量引线相间、引线与地电位构件之间的绝缘电阻来判断支接引线负荷侧有无接地、负荷接入等情况。

作业中第一相搭接完成后，应用高压验电器对未接通的两相引线进行验电，并用钳形电流表测量已接通相引线电流，以进一步判断作业条件：未接通的两相有电，禁止继续工作；已接通相电流大于 5A，禁止继续工作。

3）在接引线前，应用绝缘电阻检测仪检测跌落式熔断器相对地之间的绝缘电阻。

4）在签发工作票前，应根据现场勘察记录估算支接线路空载电流以判断作业的安全性，编制现场标准化作业指导书时，应根据估算数据选取合适的作业方式：空载电流大于 5A 禁止接引线；空载电流大于 0.1A 小于 5A，应用带电作业消弧开关。

5）未接通相引线应视作有电。

6）有效控制引线；作业中，防止人体串入已断开的跌落式熔断器引线和干线之间；接引线的正确顺序为"先中间相，再两边相"或"由远到近"。

（6）绝缘手套法带电更换熔断器。

1）应停用作业线路变电站内开关的自动重合闸装置；馈线自动化配电网络，应停用作业点来电侧分段器的自动合闸功能。

2）工作当日到达现场进行复勘时，工作负责人应与运维单位人员共同检查并确认跌落式熔断器已拉开，熔管已取下。

3）在现场工器具检查的同时，应用绝缘电阻检测仪检测跌落式熔断器相对地之间的绝缘电阻并用熔管进行试拉合，判断跌落式熔断器的机电性能。在进入带电作业区域后，应对跌落式熔断器安装横担、下引线进行验电，有电时应：增强带电导线对横担之间的绝缘遮蔽隔离措施；在拆引线前，用钳形电流表测量引线电流不应大于 0.1A。

4）有效控制引线；作业中，防止人体串入已断开或未接通的跌落式熔断器引线和干线之间；断引线的正确顺序为"先两边相，再中间相"或"由近及远"。接引线的顺序与此相反。

（7）绝缘手套法带电更换直线杆绝缘子。

1）应停用作业线路变电站内开关的自动重合闸装置。馈线自动化配电网络，应停用作业点来电侧分段器的自动合闸功能。

2）在现场勘察时，应检查以下情况，如不满足条件，禁止作业：确认作业装置两侧电杆杆身良好、埋设深度等符合要求，导线在绝缘子上的固结情况良好，避免作业中导线转移时从两侧电杆上脱落；导线应无烧损断股现象，扎线绑扎牢固，绝缘子表面无明显放电痕迹和机械损伤；横担、抱箍无严重锈蚀、变形、断裂等现象。线路有接地短路现象，禁止作业。斗内电工进入带电作业区域后，应目测检查和对绝缘子铁脚、铁横担等部位验电，进一步确认绝缘子的机电性能。

3）临时固定并承载导线垂直应力的绝缘横担（绝缘支杆）安装牢固，机械强度应满足要求。拆除和绑扎线时，应预先采取防止导线失去控制的措施，如用绝缘斗臂车绝缘小吊的吊钩勾住导线，使导线轻微受力。转移导线时不应超出控制能力，如导线的垂直张力不应超过绝缘斗臂车小吊臂在相应起吊角度下的起重能力。转移导线时，应有后备保护。转移后的导线应作妥善固定。

4）拆除和绑扎线时，绝缘子铁脚和铁横担遮蔽应严密，且扎线的展放长度不大于 10cm 转移后的导线与大地（地电位构件）之间，相间应有主绝缘保护：小吊法，导线提升高度应不少于 0.5m；铁横担法，导线与铁横担之间应有不少于 3 层的绝缘遮蔽用具。

（8）绝缘手套法带电更换直线杆绝缘子及横担。

1）应停用作业线路变电站内开关的自动重合闸装置。馈线自动化配电网络，应停用作业点来电侧分段器的自动合闸功能。

2）在现场勘察时，应检查以下情况，如不满足条件，禁止作业：确认作业装置两侧电杆杆身良好、埋设深度等符合要求，导线在绝缘子上的固结情况良好，避免作业中导线转移时从两侧电杆上脱落；导线应无烧损断股现象，扎线绑扎牢固，绝缘子表面无明显放电痕迹和机械损伤；横担、抱箍无严重锈蚀、变形、断裂等现象。线路有接地短路现象，禁止作业。斗内电工进入带电作业区域后，应目测检查和对绝缘子铁脚、铁横担等部位验电，进一步确认绝缘子的机电性能。

3）临时固定并承载导线垂直应力的绝缘横担（绝缘支杆）安装牢固，机械强度应满足要求。拆除和绑扎线时，应预先采取防止导线失去控制的措施，如用绝缘斗臂车绝缘小吊的吊钩勾住导线，使导线轻微受力。转移导线时不应超出控制能力，如导线的垂直张力不应超过绝缘斗臂车小吊臂在相应起吊角度下的起重能力。转移导线时，应有后备保护。转移后的导线应作妥善固定。

4）拆除和绑扎线时，绝缘子铁脚和铁横担遮蔽应严密，且扎线的展放长度不大于 10cm 转移后的导线与大地（地电位构件）之间，相间应有主绝缘保护：小吊法，导线提升高度应不少于 0.5m；铁横担法，导线与铁横担之间应有不少于 3 层的绝缘遮蔽用具。

（9）绝缘手套法带电更换耐张杆绝缘子串。

1）应停用作业线路变电站内开关的自动重合闸装置。馈线自动化配电网络，应停用作业点来电侧分段器的自动合闸功能。

2）现场勘察时，应检查：作业点及两侧电杆埋设深度符合规范、导线在绝缘子上固结情况良好；耐张横担或抱箍应无锈蚀机械强度受损的情况。进入带电作业区域后，斗内电工应验证绝缘子的机电性能，如同时具备以下 2 种现象，应禁止作业：用高压验电器对铁横担验电，有电；用高压钳形电流表测量耐张线夹前侧与引线之间部位的电流，电流大于 0.1A。

3）紧线时，应密切注意绝缘紧线器等绝缘承力工具的受力情况，导线张力不应超出绝缘承力工具额定能力。紧线后，在更换耐张绝缘子串前，应在紧线用的卡线器外侧安装防止导线逃脱的后备保护，并使其轻微受力。

4）收紧导线后，紧线装置绝缘有效长度不小于 0.5m。后备保护绝缘有效长度不小于 0.5m。横担、电杆、导线等应遮蔽严密，防止更换绝缘子串时，斗内电工串入相对地的电路中：摘下绝缘子串，应先导线侧，及时恢复导线的绝缘遮蔽措施后，再横担侧；安装绝缘子串，应先横担侧，及时恢复横担的绝缘遮蔽措施后，再导线侧。设置耐张绝缘子串的绝缘遮蔽措施以及更换耐张绝缘子时，应防止短接绝缘子串，必要时可脱下保护绝缘手套的羊皮手套。

（10）绝缘手套法带电更换柱上开关或隔离开关。

1）应停用作业线路变电站内开关的自动重合闸装置。馈线自动化配电网络，应停用作业点来电侧分段器的自动合闸功能。

2）工作当日到达现场进行复勘时，工作负责人应与运维单位人员共同检查并确认：柱上开关设备已拉开；如柱上断路器、柱上负荷开关电源侧有电压互感器，已通过操作隔离开关退出。进入带电作业区域后，斗内电工应判断柱上开关或隔离开关机电性能，同时符合以下 2 种情况下禁止作业：用高压验电器对开关或隔离开关金属外壳、安装支架验电，有电；用钳形电流表测量引线电流，大于 5A。

3）对开关金属外壳、安装支架验电发现有电或引线电流大于 0.1A（小于 5A），应增强绝缘遮蔽隔离措施和采取消弧措施。开关设备机械性能不良的情况下，如绝缘柱断裂，应对引线采取合适的控制方式和断线方式。有效控制开关设备的引线。

4）在现场工器具检查的同时，应用绝缘电阻检测仪检测开关相间及相对地之间的绝缘电阻不小于 300MΩ，并进行试分、合操作。在搭接新换开关设备两侧引线前，应确认开关设备处于分闸位置。有效控制开关设备的引线。

5）应按照以下顺序断、接开关设备引线：断开关设备引线时，宜先断电源侧引线；各侧三相引线应按"先两边相，再中间相"或"由近及远"的顺序进行；接开关设备引线时，宜先接负荷侧；三相引线应按"先中间相，再两边相"或"由远到近"的顺序进行；引线带电断、接的位置均应在干线搭接位置处进行。作业中，应防止人体串入已断开或未接通的引线和干线之间；或串入隔离开关动、静触头之间。

6）在安装绝缘斗臂车小吊臂时，应检查：吊绳的机械强度（如断股、伸长率、变形等）；小吊滑轮和吊钩部件的完整性、操作的灵活性和机械强度。起吊时，载荷不应超出绝缘斗臂车小吊相应起吊角度下的起重能力。起吊时，应控制设备晃动幅度，不应超出小吊的控制能力；绝缘斗臂车小吊升降和绝缘臂的起伏、升降、回转等操作不应同时进行；必要时还应在开关设备底座上增加绝缘控制绳，由地面电工进行控制。起吊时，应正确选择并安装绝缘千斤绳套、卸扣。上下传递设备、材料，不应与电杆、绝缘斗臂车工作斗发生碰撞。地面工作人员、杆上配合人员不得处于绝缘斗臂车绝缘臂、绝缘斗或开关设备下方。

3. 配网不停电作业第三类项目作业典型控制措施

（1）绝缘杆作业法带电更换直线杆绝缘子。

1）在现场勘察时，应进行以下检查，如不满足条件，禁止作业：作业点及两侧电杆埋设深度符合要求和导线在绝缘子上固结情况良好，避免作业中导线转移时从两侧电杆上脱落；导线应无烧损断股等影响机械强度现象，扎线绑扎牢固，绝缘子表面无明显放电痕迹和机械损伤；横担、抱箍无严重锈蚀、变形、断裂等现象。线路有接地短路现象，禁止作业。

2）杆上电工进入带电作业区域后，应目测检查和对绝缘子铁脚、铁横担等部位并进行验电，进一步确认绝缘子的机电性能，如有电禁止作业。杆上作业电工应穿戴全套个人绝缘防护用具。

3）在地面检查工器具时，应检查绝缘羊角抱杆的绝缘性能、机械强度和操作性能。绝缘羊角抱杆安装应牢固可靠。在拆除和绑扎线前，应预先采取防止失去控制的措施，将导线放入绝缘羊角抱杆的线槽或吊钩中，并操作绝缘羊角抱杆机构，使导线轻微受力。

4）拆除和绑扎线时，绝缘子铁脚和铁横担应遮蔽严密，且扎线的展放长度不大于 10cm。拆除扎线后，导线提升高度应不小于 0.5m，且导线绝缘遮蔽应严密牢固，在导线下方应看不到明显的间隙，绝缘遮蔽用具组合的重叠长度不应少于 20cm。

（2）绝缘杆作业法带电更换直线杆绝缘子及横担。

1）在现场勘察时，应进行以下检查，如不满足条件，禁止作业：作业点及两侧电杆埋设深度符合要求和导线在绝缘子上固结情况良好，避免作业中导线转移时从两侧电杆上脱落；导线应无烧损断股等影响机械强度现象，扎线绑扎牢固，绝缘子表面无明显放电痕迹和机械损伤；横担、抱箍无严重锈蚀、变形、断裂等现象。线路有接地短路现象，禁止作业。

2）杆上电工进入带电作业区域后，应目测检查和对绝缘子铁脚、铁横担等部位并进行验电，进一步确认绝缘子的机电性能，如有电禁止作业。杆上作业电工应穿戴全套个人绝缘防护用具。

3）在地面检查工器具时，应检查绝缘羊角抱杆的绝缘性能、机械强度和操作性能。绝缘羊角抱杆安装应牢固可靠。在拆除和绑扎线前，应预先采取防止失去控制的措施，将导线放入绝缘羊角抱杆的线槽或吊钩中，并操作绝缘羊角抱杆机构，使导线轻微受力。

4）拆除和绑扎线时，绝缘子铁脚和铁横担应遮蔽严密，且扎线的展放长度不大于 10cm。拆除扎线后，导线提升高度应不小于 0.5m，且导线绝缘遮蔽应严密牢固，在导线下方应看不到明显的间隙，绝缘遮蔽用具组合的重叠长度不应少于 20cm。

（3）绝缘杆作业法带电更换熔断器。

1）工作当日到达现场进行复勘时，工作负责人应与运维单位人员共同检查并确认跌落式熔断器已拉开，熔管已取下，支线侧具有防倒送电措施。

2）有效控制引线。断三相引线的顺序应为"先两边相，再中间相"；接三相引线的顺序应为"先中间相，再两边相"。断每相引线的顺序应为：先干线处，再跌落式熔断器静触头处；先将三相引线安装到跌落式熔断器上接线柱处，再逐相将引线搭接到干线上。

3）断开上引线更换熔断器时，人体与带电体安全距离不小于 0.5m。

4）剪断的引线应有效控制，防止高空落物。安装引线时，防止螺母垫片等掉落。传送线夹时应牢固稳定。

（4）绝缘手套作业法带电更换耐张绝缘子串及横担。

1）应停用作业线路变电站内开关的自动重合闸装置。馈线自动化配电网络，应停用作业点来电侧分段器的自动合闸功能。

2）现场勘察时，应检查：作业点及两侧电杆埋设深度符合规范、导线在绝缘子上固结情况良好；耐张横担或抱箍应无锈蚀机械强度受损的情况。进入带电作业区域后，斗内电工应验证绝缘子的机电性能，如同时具备以下 2 种现象，应禁止作业：用高压验电器对铁横担验电，有电；用高压钳形电流表测量耐张线夹前侧与引线之间部位的电流，电流大于 0.1A。

3）紧线时，应密切注意绝缘紧线器等绝缘承力工具的受力情况，导线张力不应超出绝缘承力工具额定能力。紧线后，在更换耐张绝缘子串前，应在紧线用的卡线器外侧安装防止导线逃脱的后备保护，并使其轻微受力。

4）收紧导线后，紧线装置绝缘有效长度不小于 0.5m。后备保护绝缘有效长度不小于 0.5m。横担、电杆、导线等应遮蔽严密，防止更换绝缘子串时，斗内电工串入相对地的电路中：摘下绝缘子串，应先导线侧，及时恢复导线的绝缘遮蔽措施后，再横担侧；安装绝缘子串，应先横担侧，及时恢复横担的绝缘遮蔽措施后，再导线侧。设置耐张绝缘子串的绝缘遮蔽措施以及更换耐张绝缘子时，应防止短接绝缘子串，必要时可脱下保护绝缘手套的羊皮手套。

5）在电杆合适位置打好临时拉线。紧线、松线时应电杆两侧同相同时进行。

（5）绝缘手套作业法带电组立或撤除直线电杆。

1）应停用作业线路变电站内开关的自动重合闸装置。馈线自动化配电网络，应停用作业点来电侧分段器的自动合闸功能。

2）现场勘查和工作当日现场复勘时，工作负责人应检查并确认作业点及两侧电杆、导线及其他带电设备安装牢固，避免工作中发生倒杆、断线事故。工作现场除可以停放绝缘斗臂车外，还应适合停放吊车。

3）作业时，吊车应置于平坦、坚实的地面上，不得在暗沟、地下管线等上面作业；无法避免时，应采取防护措施。

4）吊车应安装接地线并可靠接地，接地线应用多股软铜线，其截面积不得小于 16mm²。

5）起吊电杆作业时，电杆宜从导线下方倒伏起立进入杆坑，起重机臂架应处于带电导线下方，并与带电导线的距离不小于 0.5m。电杆杆稍应遮蔽严密牢固，软质绝缘遮蔽用具外部应有防机械磨损的措施。电杆杆根应用接地线接地，其截面积不得小于 16mm²。杆根作业人员应穿绝缘靴，戴绝缘手套；起重设备操作人员应穿绝缘靴。

6）中间相导线应用绝缘绳或其他绝缘工器具向旁边拉开，留出足够的作业空间。杆坑正上方的导线应设置有足够范围的绝缘遮蔽隔离措施。在撤、立杆时，电杆顶端不宜有横担等金具附件。电杆吊点选择应合适，避免电杆在起吊时大幅晃动，必要时应使用足够强度的绝缘绳索作拉绳，控制电杆的起立方向。

7）在起吊、牵引过程中，受力钢丝绳的周围、上下方、吊臂和起吊物的下面，禁止有人逗留和通过。

（6）绝缘手套作业法带电更换直线电杆。

1）应停用作业线路变电站内开关的自动重合闸装置。馈线自动化配电网络，应停用作业点来电侧分段器的自动合闸功能。

2）现场勘查和工作当日现场复勘时，工作负责人应检查并确认作业点及两侧电杆、导线及其他带电设备安装牢固，避免工作中发生倒杆、断线事故。工作现场除可以停放绝缘斗臂车外，还应适合停放吊车。

3）作业时，吊车应置于平坦、坚实的地面上，不得在暗沟、地下管线等上面作业；无法避免时，应采取防护措施。

4）吊车应安装接地线并可靠接地，接地线应用多股软铜线，其截面积不得小于 16mm²。

5）起吊电杆作业时，电杆宜从导线下方倒伏起立进入杆坑，起重机臂架应处于带电导线下方，并与带电导线的距离不小于 0.5m。电杆杆稍应遮蔽严密牢固，软质绝缘遮蔽用具外部应有防机械磨损的措施。电杆杆根应用接地线接地，其截面积不得小于 16mm²。杆根作业人员应穿绝缘靴，戴绝缘手套；起重设备操作人员应穿绝缘靴。

6）中间相导线应用绝缘绳或其他绝缘工器具向旁边拉开，留出足够的作业空间。杆坑正上方的导线应设置有足够范围的绝缘遮蔽隔离措施。在撤、立杆时，电杆顶端不宜有横担等金具附件。电杆吊点选择应合适，避免电杆在起吊时大幅晃动，必要时应使用足够强度的绝缘绳索作拉绳，控制电杆的起立方向。

7）在起吊、牵引过程中，受力钢丝绳的周围、上下方、吊臂和起吊物的下面，禁止有人逗留和通过。

（7）绝缘手套作业法带电直线杆改终端杆。

1）应停用作业线路变电站内开关的自动重合闸装置。馈线自动化配电网络，应停用作业点来电侧分段器的自动合闸功能。

2）现场勘查和工作当日现场复勘时，工作负责人应检查并确认作业点及两侧电杆、导线及其他带电设备安装牢固，避免工作中发生倒杆、断线事故。

3）应有防止电杆受力不均衡的措施：作业点处，应在电杆上预先打好永久（或临时）耐张拉线；应在作业点后侧第一基电杆处先打好耐张拉线。断线时，不应采用只在电源侧紧线，而在负荷侧突然断线的方式。

4）人体不应串入电路。拆除扎线时，绝缘子铁脚和铁横担应遮蔽严密，且扎线的展放长度不大于 10cm。拆除扎线后，导线提升高度应不小于 0.5m，且导线绝缘遮蔽应严密牢固，在导线下方应看不到明显的间隙，绝缘遮蔽用具组合的重叠长度不应少于 20cm。

5）临时固定并承载导线垂直应力的绝缘横担（绝缘支杆）安装牢固，机械强度应满足要求拆除和绑扎线时，应预先采取防止导线失去控制的措施，如用绝缘斗臂车绝缘小吊的吊钩勾住导线，使导线轻微受力。转移导线时不应超出控制能力，如导线的垂直张力不应超过绝缘斗臂车小吊臂在相应起吊角度下的起重能力。转移导线时，应有后备保护。转移后的导线应作妥善固定。

6）紧线工具应有足够的机械强度紧线时，应密切注意绝缘紧线器等绝缘承力工具的受力情况，导线张力不应超出绝缘承力工具额定能力紧线后，开断导线前，应在紧线用的卡线器外侧安装防止导线逃脱的后备保护，并使其轻微受力。

7）收紧导线后，紧线装置绝缘有效长度不小于 0.5m 后备保护绝缘有效长度不小于 0.5m。

8）横担、电杆、导线等应遮蔽严密，防止斗内电工在将导线固结到耐张绝缘子串时串入相对地的电路中。在将导线固结到耐张绝缘子串时，应防止短接绝缘子串，必要时可脱下保护绝缘手套的羊皮手套。

9）已断开相导线应视作有电导体，地面电工需将其接地后才能接触。

（8）绝缘手套作业法带负荷更换熔断器。

1）应停用作业线路变电站内开关的自动重合闸装置。馈线自动化配电网络，应停用作业点来电侧分段器的自动合闸功能。

2）最大负荷电流不大于 200A。斗内电工进入带电作业区域后，对熔断器横担验电发现有电，并且变电站有明显接地信号，禁止作业。

3）拆旧跌落式熔断器引线前，应用绝缘操作杆拉开跌落式熔断器，并用高压钳形电流表测量引线泄漏电流：电流大于 0.1A（小于 5A），应增强绝缘遮蔽隔离措施和采取消弧措施；电流大于 5A，禁止作业。拆旧跌落式熔断器引线前，无法操作使其处于分闸位置，对跌落式熔断器横担验电发现有电，但变电站无接地信号的情况下，应增强绝缘遮蔽隔离措施和采取消弧措施。跌落式熔断器机械性能不良的情况下，如固定杆脱落，应对跌落式熔断器采取合适的控制方式防止引线断线方式。有效控制跌落式熔断器的引线。

4）短接跌落式熔断器的旁路回路的载流能力应满足最大负荷电流的要求（$I_N \geqslant 1.2 I_{fmax}$）。

5）采用线路跨接器法短接单相跌落式熔断器：组装旁路回路时，线路跨接器应处于分闸位置；线路跨接器合闸前检查绝缘分流线连接相位，确保相位一致；禁止使用绝缘分流线直接短接跌落式熔断器。采用旁路开关法同时短接三相跌落式熔断器：组装旁路回路时，旁路负荷开关应处于分闸位置；旁路负荷开关合闸前进行核相，确保相位一致。旁路回路投入运行后，应用高压钳形电流表检测分流状况良好（约 1/4～3/4 负荷电流）后，才能更换跌落式熔断器。

6）在现场工器具检查的同时，应用绝缘电阻检测仪检测跌落式熔断器相对地之间的绝缘电阻，并进行试分、合操作。在搭接新跌落式熔断器两侧引线时，跌落式熔断器应处于分闸位置。

7）新跌落式熔断器在合闸前，应对引线相位进行检查，确保相位一致。

8）拆旁路回路前，应用绝缘操作杆合上跌落式熔断器。拆除旁路回路前，应先用绝缘操拉开线路跨接器或旁路开关，使其处于分闸位置。

9）应按照以下顺序断、接跌落式熔断器引线：断跌落式熔断器引线时，宜先断电源侧引线；各侧三相引线应按"先两边相，再中间相"或"由近及远"的顺序进行；接跌落式熔断器引线时，宜先接负荷侧；三相引线应按"先中间相，再两边相"或"由远到近"的顺序进行；引线带电断、接的位置均应在干线及支线搭接位置处进行。作业中，应防止人体串入已断开或未接通的引线和干线及支线之间，或串入跌落式熔断器上下桩头之间。有效控制跌落式熔断器的引线。

10）剪断的引线应有效控制，防止高空落物。安装引线时，防止螺母垫片等掉落。

（9）绝缘手套作业法带负荷更换导线非承力线夹。

1）应停用作业线路变电站内开关的自动重合闸装置。馈线自动化配电网络，应停用作业点来电侧分段器的自动合闸功能。

2）最大负荷电流不大于 200A。所更换的线夹有严重的熔断风险。

3）短接导线非承力线夹的旁路回路的载流能力应满足最大负荷电流的要求（$I_N \geq 1.2I_{fmax}$）。

4）用绝缘分流线短接导线非承力线夹，应使用 2 辆绝缘斗臂车，采取同相同步的方式进行。用线路跨接器短接导线非承力线夹：组装旁路回路时，线路跨接器应处于分闸位置；线路跨接器合闸前检查绝缘分流线连接相位，确保相位一致。旁路回路投入运行后，应用高压钳形电流表检测分流状况良好（约 1/4～3/4 负荷电流）后，才能更换导线非承力线夹。

5）拆线夹前应采取固定控制措施，防止线夹拆除后，导线或引线失去控制。

6）拆旁路回路前，应用检查主回路分流正常（约 1/4～3/4 负荷电流）。拆除旁路回路前，应先用绝缘操作杆拉开线路跨接器，使其处于分闸位置。

7）有效控制导线非承力线夹连接的导线、引线。作业中，防止人体串入已断开的两个线头之间。

8）剪断的引线应有效控制，防止高空落物。安装引线时，防止螺母垫片等掉落。

（10）绝缘手套作业法带负荷更换柱上开关或隔离开关。

1）应停用作业线路变电站内开关的自动重合闸装置。馈线自动化配电网络，应停用作业点来电侧分段器的自动合闸功能。

2）当日工作现场复勘时，如待更换的断路器（或具有配网自动化功能的分段开关、用户分界开关）电源侧有电压互感器，应与运维人员一起确认已退出。注：如无法通过隔离开关的操作退出电压互感器，禁止作业。最大负荷电流不大于 200A。斗内电工进入带电作业区域后，对开关金属外壳、安装支架验电发现有电，并且变电站有明显接地信号，禁止作业。

3）拆旧开关设备引线前，宜用绝缘操作杆操作使开关处于分闸位置，并用高压钳形电流表测量引线泄漏电流：电流大于 0.1A（小于 5A），应增强绝缘遮蔽隔离措施和采取消弧措施；电流大于 5A，禁止作业。拆旧开关设备引线前，无法操作使其处于分闸位置，对开关金属外壳、安装支架验电发现有电，但变电站无接地信号的情况下，应增强绝缘遮蔽隔离措施和采取消弧措施。开关设备机械性能不良的情况下，如绝缘柱断裂，应对引线采取合适的控制方式和断线方式。有效控制开关设备的引线。

4）短接柱上开关设备的旁路回路的载流能力应满足最大负荷电流的要求（$I_N \geqslant 1.2 I_{fmax}$）。

5）用绝缘分流线短接开关设备：应使用 2 辆绝缘斗臂车，采取同相同步的方式进行；短接断路器前，应闭锁断路器跳闸回路；短接隔离开关应采取防止意外断开的措施。用 2 组带有引流线夹终端和快速插拔终端的旁路柔性电缆作为高压引下电缆和 1 台旁路负荷开关组件的旁路回路短接开关设备：组装旁路回路时，旁路负荷开关应处于分闸位置；旁路回路组装完毕，应在旁路负荷开关处进行核相后再合开关。绝缘分流线组装完毕或旁路回路投入运行后，应用高压钳形电流表检测分流状况良好（约 1/2 负荷电流）后，才能更换柱上开关设备。

6）在现场工器具检查的同时，检查开关设备的出厂合格证，应用绝缘电阻检测仪检测开关相间及相对地之间的绝缘电阻不小于 300MΩ，并进行试分、合操作。在搭接新换开关设备两侧引线时，开关设备应处于分闸位置。

7）新换柱上开关或隔离开关在合闸前，应对引线相位进行检查，必要时应用核相仪进行核相。

8）拆绝缘分流线或旁路回路前，应用绝缘操作棒操作柱上开关（断路器）的操作机构，使其合闸，并闭锁跳闸回路和操作机构。拆除由旁路负荷开关、旁路高压引下电缆等设备组成的旁路回路前，应先用绝缘操作棒操作旁路负荷开关使其处于分闸位置。

9）应按照以下顺序断、接开关设备引线：断开关设备引线时，宜先断电源侧引线；各侧三相引线应按"先两边相，再中间相"或"由近及远"的顺序进行；接开关设备引线时，宜先接负荷侧；三相引线应按"先中间相，再两边相"或"由远到近"的顺序进行；引线带电断、接的位置均应在干线搭接位置处进行。作业中，应防止人体串入已断开或未接通的引线和干线之间；或串入隔离开关动、静触头之间。有效控制开关设备的引线。

10）在安装绝缘斗臂车小吊臂时，应检查：吊绳的机械强度（如断股、伸长率、变形等）；小吊滑轮和吊钩部件的完整性、操作的灵活性和机械强度。起吊时，载荷不应超出绝缘斗臂车小吊相应起吊角度下的起重能力。起吊时，应控制设备晃动幅度，不应超出小吊的控制能力；绝缘斗臂车小吊升降和绝缘臂的起伏、升降、回转等操作不应同时进行；必要时还应在开关设备底座上增加绝缘控制绳，由地面电工进行控制。起吊时，应正确选择并安装绝缘千斤绳套、卸扣。上下传递设备、材料，不应与电杆、绝缘斗臂车工作斗发生碰撞。地面工作人员、杆上配合人员不得处于绝缘斗臂车绝缘臂、绝缘斗或开关设备下方。

（11）绝缘手套作业法带负荷直线杆改耐张杆。

1）应停用作业线路变电站内开关的自动重合闸装置。馈线自动化配电网络，应停用作业点来电侧分段器的自动合闸功能。

2）现场勘查和工作当日现场复勘时，工作负责人应检查并确认作业点及两侧电杆、导线及其他带电设备安装牢固，避免工作中发生倒杆、断线事故。现场勘查时通过配网调度系统检测线路最大负荷电流不大于 200A；工作当日，斗内电工进入带电作业区域后，应用高压钳形电流表测量线路电流不大于 200A。

3）作业点处，应在电杆上预先打好永久（或临时）耐张拉线。

4）人体不应串入电路。拆除扎线时，绝缘子铁脚和铁横担应遮蔽严密，且扎线的展放长度不大于 10cm。拆除扎线后，导线提升高度应不小于 0.5m，且导线绝缘遮蔽应严密牢固，在导线下方应看不到明显的间隙，绝缘遮蔽用具组合的重叠长度不应少于 20cm。

5）临时固定并承载导线垂直应力的绝缘横担（绝缘支杆）安装牢固，机械强度应满足要求。拆除和绑扎线时，应预先采取防止导线失去控制的措施，如用绝缘斗臂车绝缘小吊的吊钩勾住导线，使导线轻微受力。转移导线时不应超出控制能力，如导线的垂直张力不应超过绝缘斗臂车小吊臂在相应起吊角度下的起重能力。转移导线时，应有后备保护。转移后的导线应作妥善固定。

6）断线前，应安装绝缘分流线转移负荷电流。绝缘分流线的额定载流能力应大于等于 1.2 倍线路的最大负荷电流。应清除架空导线与绝缘分流线或旁路高压引线电缆的引流线夹连接处的脏污和氧化物。绝缘分流线的引流线夹宜朝上安装在架空导线上，并应有防坠措施。组装绝缘分流线后，应用高压钳形电流表确认分流正常（约为 1/2 线路负荷电流）。

7）用绝缘分流线短接开断点时，应使用 2 辆绝缘斗臂车，采取同相同步的方式进行。

8）紧线工具应有足够的机械强度。紧线时，应密切注意绝缘紧线器等绝缘承力工具的受力情况，导线张力不应超出绝缘承力工具额定能力。紧线后，开断导线前，应在紧线用的卡线器外侧安装防止导线逃脱的后备保护，并使其轻微受力。

9）收紧导线后，紧线装置绝缘有效长度不小于 0.5m。后备保护绝缘有效长度不小于 0.5m。

10）横担、电杆、导线等应遮蔽严密，防止斗内电工在将导线固结到耐张绝缘子串时串入相对地的电路中在将导线固结到耐张绝缘子串时，应防止短接绝缘子串，必要时可脱下保护绝缘手套的羊皮手套。

11）安装过引线时，应对其进行有效控制，宜在带电导体遮蔽严密的情况下先将过引线固定在过渡用的瓷横担后，再搭接。将过引线搭接至主干线后，应及时恢复绝缘遮蔽隔离措施。

（12）绝缘手套作业法带电断空载电缆线路与架空线路连接引线。

1）应停用作业线路变电站内开关的自动重合闸装置。馈线自动化配电网络，应停用作业点来电侧分段器的自动合闸功能。

2）在签发工作票前，应根据现场勘察记录估算电缆线路空载电流以判断作业的安全性，编制现场标准化作业指导书时，应根据估算数据选取合适的作业方式：空载电流大于 0.1A，应使用消弧开关；空载电流超过 5A，禁止作业。工作当日现场复勘时，工作负责人应与运维单位人员到电缆负荷侧的开关站、环网柜检查并确认相应配电间隔的开关已处于热备用（冷备用）位置。进入带电作业区域后，斗内电工应使用高压钳形电流表测量电缆空载电流进一步确认装置的作业条件。

3）现场检测工器具时，应用 2500V 绝缘电阻检测仪测量消弧开关断口间绝缘电阻≮300MΩ。拆除消弧开关与绝缘分流线组成的旁路回路前，应用绝缘操作杆（绳）操作消弧开关使其分闸，并用高压钳形电流表检测绝缘分流线上的电流，确认电路确已断开。

4）正确组装消弧开关与绝缘分流线组成的旁路回路：确认消弧开关应处于分闸位置并闭锁；先在干线挂接消弧开关；再将绝缘分流线一端引流线夹挂接至消弧开关动触头处的导电杆上；最后将另一端引流线夹安装到电缆终端与过渡引线的连接位置。拆除消弧开关与绝缘分流线组成的旁路回路应先确认消弧开关处于分闸位置并闭锁。消弧开关的操作应正确使用绝缘操作杆或操作绳。

5）地面电工不应直接接触电缆终端引线。（拆除电缆终端引线后，电缆负荷侧开关站、环网柜相应配电间隔开关应从热备用（冷备用）改检修后，通过线路侧接地闸刀即实现放电目的。带电作业人员不应介入停电检修电缆的作业。）

6）已断开相电缆终端引线应视作带电体；电缆终端引线应设置绝缘遮蔽隔离措施；电缆终端引线应妥善固定。

7）断三相电缆终端引线的应按"先两边相，最后中间相"或"由近及远"的顺序进行。

（13）绝缘手套作业法带电接空载电缆线路与架空线路连接引线。

1）应停用作业线路变电站内开关的自动重合闸装置。馈线自动化配电网络，应停用作业点来电侧分段器的自动合闸功能。

2）在签发工作票前，应根据现场勘察记录估算电缆线路空载电流以判断作业的安全性，编制现场标准化作业指导书时，应根据估算数据选取合适的作业方式：空载电流大于 0.1A，应使用消弧开关；空载电流超过 5A，禁止作业。工作当日现场复勘时，工作负责人应与运维单位人员到电缆负荷侧的开关站、环网柜检查并确认相应配电间隔的开关已处于热备用（冷备用）位置。进入带电作业区域后，斗内电工应做以下检查，不满足任何一项均应禁止作业：用高压验电器对电缆终端引线验电，确认无倒送电现象；用 2500V 绝缘电阻检测仪检测电缆终端引线相间、相对地之间的绝缘电阻，确认无接地或负荷接入。

3）现场检测工器具时，应用 2500V 绝缘电阻检测仪测量消弧开关断口间绝缘电阻≮300MΩ。拆除消弧开关与绝缘分流线组成的旁路回路前，应用绝缘操作杆（绳）操作消弧开关使其分闸，并用高压钳形电流表检测绝缘分流线上的电流，确认电路确已断开。

4）正确组装消弧开关与绝缘分流线组成的旁路回路：确认消弧开关应处于分闸位置并闭锁；先在干线挂接消弧开关；再将绝缘分流线一端引流线夹挂接至消弧开关动触头处的导电杆上；最后将另一端引流线夹安装到电缆终端与过渡引线的连接位置。正确拆除消弧开关与绝缘分流线组成的旁路回路：确认消弧开关处于分闸位置并闭锁；先从电缆终端、过渡引线连接处，将绝缘分流线的引流线夹拆除；再从消弧开关动触头导电杆处，将绝缘分流线另一端引流线夹拆除；最后将消弧开关从干线上摘除。消弧开关的操作应正确使用绝缘操作杆或操作绳。

5）未接通相电缆终端引线应视作带电体；电缆终端引线应设置绝缘遮蔽隔离措施；电缆终端引线应妥善固定。

6）接三相电缆终端引线的应按"先中间相，最后两边相"或"由远到近"顺序进行。

4. 配网不停电作业第四类项目作业典型控制措施

（1）绝缘手套作业法带负荷直线杆改耐张杆并加装柱上开关或隔离开关。

1）应停用作业线路变电站内开关的自动重合闸装置。馈线自动化配电网络，应停用作业点来电侧分段器的自动合闸功能。

2）现场勘查和工作当日现场复勘时，工作负责人应检查并确认作业点及两侧电杆、导线及其他带电设备安装牢固，避免工作中发生倒杆、断线事故。现场勘查时通过配网调度系统检测线路最大负荷电流不大于 200A；工作当日，斗内电工进入带电作业区域后，应用高压钳形电流表测量线路电流不大于 200A。

3）作业点处，应在电杆上预先打好永久（或临时）耐张拉线。

4）人体不应串入电路。拆除扎线时，绝缘子铁脚和铁横担应遮蔽严密，且扎线的展放长度不大于 10cm。拆除扎线后，导线提升高度应不小于 0.5m，且导线绝缘遮蔽应严密牢固，在导线下方应看不到明显的间隙，绝缘遮蔽用具组合的重叠长度不应少于 20cm。

5）临时固定并承载导线垂直应力的绝缘横担（绝缘支杆）安装牢固，机械强度应满足要求。拆除和绑扎线时，应预先采取防止导线失去控制的措施，如用绝缘斗臂车绝缘小吊的吊钩勾住导线，使导线轻微受力。转移导线时不应超出控制能力，如导线的垂直张力不应超过绝缘斗臂车小吊臂在相应起吊角度下的起重能力。转移导线时，应有后备保护。转移后的导线应作妥善固定。

6）断线前，应安装绝缘分流线转移负荷电流。绝缘分流线的额定载流能力应大于等于 1.2 倍线路的最大负荷电流。应清除架空导线与绝缘分流线或旁路高压引线电缆的引流线夹连接处的脏污和氧化物。绝缘分流线的引流线夹宜朝上安装在架空导线上，并应有防坠措施。组装绝缘分流线后，应用高压钳形电流表确认分流正常（约为 1/2 线路负荷电流）。

7）用绝缘分流线短接开断点时，应使用 2 辆绝缘斗臂车，采取同相同步的方式进行。

8）紧线工具应有足够的机械强度。紧线时，应密切注意绝缘紧线器等绝缘承力工具的受力情况，导线张力不应超出绝缘承力工具额定能力。紧线后，开断导线前，应在紧线用的卡线器外侧安装防止导线逃脱的后备保护，并使其轻微受力。

9）收紧导线后，紧线装置绝缘有效长度不小于 0.5m。后备保护绝缘有效长度不小于 0.5m。

10）横担、电杆、导线等应遮蔽严密，防止斗内电工在将导线固结到耐张绝缘子串时串入相对地的电路中。在将导线固结到耐张绝缘子串时，应防止短接绝缘子串，必要时可脱下保护绝缘手套的羊皮手套。

11）在安装绝缘斗臂车小吊臂时，应检查：吊绳的机械强度（如断股、伸长率、变形等）；小吊滑轮和吊钩部件的完整性、操作的灵活性和机械强度。起吊时，载荷不应超出绝缘斗臂车小吊相应起吊角度下的起重能力。起吊时，应控制设备晃动幅度，不应超出小吊的控制能力；绝缘斗臂车小吊升降和绝缘臂的起伏、升降、回转等操作不应同时进行；必要时还应在开关设备底座上增加绝缘控制绳，由地面电工进行控制。起吊时，应正确选择并安装绝缘千斤绳套、卸扣。上下传递设备、材料，不应与电杆、绝缘斗臂车工作斗发生碰撞。地面工作人员、杆上配合人员不得处于绝缘斗臂车绝缘臂、绝缘斗或开关设备下方。

12）在现场工器具检查的同时，检查开关设备的出厂合格证，应用绝缘电阻检测仪检测开关相间及相对地之间的绝缘电阻不小于 300MΩ，并进行试分、合操作。在搭接新装开关设备两侧引线时，开关设备应处于分闸位置。

13）新装柱上开关或隔离开关在合闸前，应对引线相序进行检查，必要时应用核相仪进行核相。

14）拆绝缘分流线或旁路回路前，应用绝缘操作棒操作柱上开关（断路器）的操作机构，使其合闸，并闭锁跳闸回路和操作机构。拆除由旁路负荷开关、旁路高压引下电缆等设备组成的旁路回路前，应先用绝缘操作棒操作旁路负荷开关使其处于分闸位置。

15）接开关设备引线时，宜先接负荷侧；三相引线应按"先中间相，再两边相"或"由远到近"的顺序进行。引线带电断、接的位置均应在干线搭接位置处进行。作业中，应防止人体串入未接通的引线和干线之间；或串入隔离开关动、静触头之间。有效控制开关设备的引线。

16）复杂或高杆塔作业，必要时应增加专责监护人。

（2）综合不停电作业法不停电更换柱上变压器。

1）应停用作业线路变电站内开关的自动重合闸装置。馈线自动化配电网络，应停用作业点来电侧分段器的自动合闸功能。

2）当日工作现场复勘时，工作负责人应与运维单位人员核对杆上变压器额定容量、额定电压、额定电流、接线组别等铭牌参数以及分接开关位置等。

3）作业现场如有井盖、沟道等影响停放特种工程车辆的因素，应准备好枕木、垫板。车辆应顺道路靠右侧停放，不应影响交通，并应在来车方向 50m 处设置"前方施工，车辆慢行（或绕行）"的标志。

4）接线组别应与杆上变压器的一致。变压比应一致，差值不大于 0.5%。短路阻抗百分比应相等，差值应不大于 10%。

5）移动箱变车箱体应用不小于 25mm² 带有透明护套的铜绞线接地，接地棒埋设深度不少于 0.7m。

6）发电车与系统是两个独立的电源，发电车出线电缆挂接到低压架空线或低压配电箱出线开关负荷侧时，发电车应处于停运状态，并且发电车的出线开关处于分闸位置。不得在发电车未励磁的情况下直接接入系统。新换杆上变压器投入运行前，发电车应停运，并使其出线开关处于分闸位置。

7）退出变压器应先在高低压两侧放电、接地，并在作业区域形成封闭保护通道后，地面电工才能登上变压器台架工作。

8）地面电工拆卸变压器时应戴纱手套。

9）跌落式熔断器静触头、上引线、主导线以及低压线路等应设置绝缘遮蔽隔离措施。

（3）综合不停电作业法旁路作业检修架空线路。

1）应停用作业线路变电站内开关的自动重合闸装置。馈线自动化配电网络，应停用作业点来电侧分段器的自动合闸功能。

2）现场勘察时，应通过配电调度确认作业区段线路最大负荷电流不大于200A。作业区段的线路长度应小于旁路作业装备的规模，不宜超过 400m。作业区段两侧的电杆应为耐张杆，否则应预先安排"直线杆改耐张杆"的工作。当日工作现场复勘时，工作负责人应与运维单位人员一起确认工作区段内电源侧有电压互感器的开关设备，如具有配网自动化功能的分段开关、用户分界开关等的电压互感器已退出。注：如无法通过隔离开关的操作退出电压互感器，禁止作业。

3）作业现场如有井盖、沟道等影响停放特种工程车辆的因素，应准备好枕木、垫板。车辆应顺道路靠右侧停放，不应影响交通，并应在来车方向 50m处设置"前方施工，车辆慢行（或绕行）"的标志。

4）工作当日，现场应对旁路作业装备进行检测：表面检查，旁路作业装备在试验周期内，表面无明显损伤；在电杆上架空敷设并组装好旁路柔性电缆、旁路连接器和旁路负荷开关等设备组成的旁路回路后，在旁路负荷开关合闸状态下，用 2500V 及以上电压的绝缘电阻检测仪检测旁路回路绝缘电阻应不小于500MΩ；组装旁路回路设备时，旁路连接器、旁路负荷开关快速插拔接口以及旁路柔性电缆快速插拔终端的导电部分应进行清洁，在绝缘件的界面上用电缆清洁纸清洁后涂抹绝缘硅脂。

5）旁路电缆过街应采用架空敷设的方式，离地高度不小于5m。敷设时，旁路作业设备不应与地面摩擦、撞击以及过牵引。地面敷设时，旁路柔性电缆应用防护盖板、旁路连接器应用接头盒进行保护；旁路负荷开关应有防倾覆措施。

6）工作当日，在现场检测旁路作业装备整体的绝缘电阻时，应戴绝缘手套；试验后，应用放电棒进行充分放电后才能直接触碰。杆上作业完成后，旁路作业装备退出运行后，地面电工应用放电棒对其充分后才能直接触碰。

7）旁路回路应在旁路负荷开关、旁路连接器等设备的外露金属外壳处用截面积不小于 25mm²、带有透明护套的接地线接地，临时接地体的埋设深度不小于 0.6m。

8）组装旁路回路设备时，应严格按照相色或相序标志连接。在对负荷侧旁路负荷开关进行合闸操作前，应进行核相。

9）旁路回路组建方式应正确：架空线路—旁路高压引下电缆—旁路负荷开关—旁路柔性电缆—旁路负荷开关—旁路高压引下电缆—架空线路时。架空线路至旁路负荷开关之间的高压引下电缆不应超过 50m。在断、接旁路高压引下电缆时，旁路负荷开关应处于分闸状态。

（4）综合不停电作业法旁路作业检修电缆线路。

1）待检修电缆两侧的设备应是环网柜，线路或设备的最大负荷电流应≤200A。旁路作业装备的配置规模应满足待检修线路的范围，电缆旁路作业应使用旁路柔性电缆等专用装备。环网柜接地装置良好，外壳接地可靠。环网柜绝缘良好（SF$_6$ 绝缘的环网柜气压在正常范围内）、五防装置良好、信号和接线指示清晰。

2）当环网柜具有备用间隔时，应采用不停电作业作业方案，反之应采用短时停电作业方案。环网柜不具有可供核相的带电显示装置时，旁路回路应串接旁路负荷开关。

3）作业现场如有井盖、沟道等影响停放旁路车（电缆车）等特种工程车辆的因素，应准备好枕木、垫板。车辆应顺道路靠右侧停放，不应影响交通，并应在来车方向 50m 处设置"前方施工，车辆慢行（或绕行）"的标志。

4）工作当日，在现场检测旁路作业装备整体的绝缘电阻时，应戴绝缘手套；试验后，应用放电棒进行充分放电后才能直接触碰。

5）禁止破坏环网柜五防装置，强行解锁打开环网柜出线侧面板。环网柜非作业间隔的防护围栏应设置严密，标志牌齐全，环网柜上相关工作完成后，应及时关上柜门。接旁路柔性电缆肘型终端前，应用验电器对环网柜箱体、开关出线侧接头进行验电，确认无电。

6）旁路回路应将旁路柔性电缆金属护层用截面积不小于 25mm²、带有透明护套的接地线通过两侧环网柜金属外壳接地。当旁路回路的长度超过 500m 或金属护层上的环流超过 20A 时，金属护层的宜采用多点接地方式。

7）组装旁路回路设备时，应严格按照相色或相序标志连接。投入旁路回路，操作最后一台开关时应先进行核相。

8）严格按照倒闸操作顺序管理操作票和发布操作任务。操作中严格执行监护和复诵制度。

9）旁路回路投入运行后，应每隔半小时检测其载流情况。当旁路回路长度超过 500m，必要时应检测旁路电缆金属护层环流，不得大于 20A。

（5）综合不停电作业法旁路作业检修环网箱。

1）待检修电缆两侧的设备应是环网柜，线路或设备的最大负荷电流应 ≤200A。旁路作业装备的配置规模应满足待检修线路的范围，电缆旁路作业应使用旁路柔性电缆等专用装备。环网柜接地装置良好，外壳接地可靠。环网柜绝缘良好（SF$_6$ 绝缘的环网柜气压在正常范围内）、五防装置良好、信号和接线指示清晰。

2）当环网柜具有备用间隔时，应采用不停电作业作业方案，反之应采用短时停电作业方案。当环网柜不具有可供核相的带电显示装置时，旁路回路应串接旁路负荷开关。

3）作业现场如有井盖、沟道等影响停放旁路车（电缆车）等特种工程车辆的因素，应准备好枕木、垫板。车辆应顺道路靠右侧停放，不应影响交通，并应在来车方向 50m 处设置"前方施工，车辆慢行（或绕行）"的标志。

4）工作当日，在现场检测旁路作业装备整体的绝缘电阻时，应戴绝缘手套；试验后，应用放电棒进行充分放电后才能直接触碰。

5）禁止破坏环网柜五防装置，强行解锁打开环网柜出线侧面板。环网柜非作业间隔的防护围栏应设置严密，标志牌齐全，环网柜上相关工作完成后，应及时关上柜门。接旁路柔性电缆肘型终端前，应用验电器对环网柜箱体、开关出线侧接头进行验电，确认无电。

6）旁路回路应将旁路柔性电缆金属护层用截面积不小于 25mm²、带有透明护套的接地线通过两侧环网柜金属外壳接地。当旁路回路的长度超过 500m 或金属护层上的环流超过 20A 时，金属护层的宜采用多点接地方式。

7）组装旁路回路设备时，应严格按照相色或相序标志连接投入旁路回路，操作最后一台开关时应先进行核相。

8）严格按照倒闸操作顺序管理操作票和发布操作任务。操作中严格执行监护和复诵制度。

9）旁路回路投入运行后，应每隔半小时检测其载流情况。当旁路回路长度超过 500m，必要时应检测旁路电缆金属护层环流，不得大于 20A。

（6）综合不停电作业法从环网箱（架空线路）等设备临时取电给环网箱、移动箱变供电。

1）最大负荷电流应≤200A，如取电至移动负荷车，最大负荷电流应不超过移动负荷车车载变压器额定电流。从环网柜临时取电或取电至环网柜，环网柜接地装置良好，外壳接地可靠；环网柜绝缘良好（SF₆ 绝缘的环网柜气压在正常范围内）、五防装置良好、信号和接线指示清晰。

2）取电电源点应是环网柜或 20kV 架空线路。从环网柜临时取电时，应具有备用间隔。当取电电源点是架空线路，且旁路柔性电缆长度超过 50m 时，断、接旁路柔性电缆引流线夹时应采取消弧措施，如使用带电作业用消弧开关或临时取电回路串接旁路负荷开关。负荷一般情况下应处于无电状态。如有电，临时取电回路投入运行时，应先进行核相。

3）工作当日，在现场检测旁路作业装备整体的绝缘电阻时，应戴绝缘手套；试验后，应用放电棒进行充分放电后才能直接触碰。如是从架空线路临时取电至移动负荷车，临时取电回路退出运行后，应先用放电棒进行充分放电后才能直接触碰。

4）临时取电回路应将旁路柔性电缆金属护层用截面积不小于 25mm²、带有透明护套的接地线通过环网柜、移动负荷车祸旁路负荷开关的金属外壳接地。当临时回路的长度超过 500m 或金属护层上的环流超过 20A 时，金属护层的宜采用多点接地方式。

5）组装临时取电回路设备时，应严格按照相色或相序标志连接。当负荷处于有电暂态下投入临时取电回路，操作最后一台开关时应先进行核相。

6）严格按照倒闸操作顺序管理操作票和发布操作任务。操作中严格执行监护和复诵制度。

7）临时回路投入运行后，应每隔半小时检测其载流情况。当临时取电回路长度超过 500m，必要时应检测旁路电缆金属护层环流，不得大于 20A。

第五章　20kV 配电不停电作业发展方向

在现代电力系统中，配电不停电作业作为提升电网运行效率与供电可靠性的关键技术，正经历着前所未有的变革。随着科技的飞速进步、市场需求的日益增长以及用户对供电质量要求的不断提升，配电不停电作业正逐步迈向一个更加智能化、自动化、高效化且安全可靠的全新阶段。本章将深入探讨配电不停电作业的未来发展趋势，旨在为行业提供前瞻性的思考与指导。

一、技术智能化：引领作业革新

智能化技术的融入，为配电不停电作业带来了革命性的变化。人工智能、大数据、物联网等前沿技术的应用，使得带电作业机器人成为行业的新宠。这些机器人不仅具备高度的自主作业能力，还能通过远程操控实现精准作业，大大提高了作业效率和安全性。以配网带电作业机器人为代表，其强大的负载能力、灵活的作业策略以及智能化的决策系统，为复杂环境下的带电作业提供了有力支持。

此外，智能化技术还体现在作业过程的数字化管理上。通过集成先进的传感器、数据分析平台和可视化系统，可以实现对作业现场环境和作业人员状态的实时、精准监测。这不仅有助于及时发现潜在的安全隐患，还能为作业决策提供科学依据，确保作业过程的安全可控。

二、装备多样化：满足多元需求

随着配电不停电作业场景的不断拓展，对装备的需求也日益多样化。传统的绝缘斗臂车、绝缘平台等装备已难以满足所有需求，因此，更多样化、专业化的装备应运而生。履带式绝缘斗臂车（蜘蛛车）以其小巧灵活、过障能力强的特点，在狭窄、崎岖的地形中展现出巨大优势。而移动式绝缘脚手架、绝缘蜈蚣梯等新装备的研发和应用，则进一步拓展了带电作业的范围和场景。

同时，为了满足不同电压等级和作业类型的需求，装备的专业化程度也在不断提高。例如，针对高压线路的带电作业，需要采用更高性能的绝缘材料和更先进的作业技术；而针对低压线路的带电作业，则需要更加注重装备的便携性和易用性。

三、作业模式创新：提升作业效率

传统的配电不停电作业模式已逐渐无法满足现代电网的需求。因此，创新作业模式、提升作业效率成为行业发展的新方向。通过引入旁路转供电、中低压发电等技术手段，不停电作业得以覆盖更多场景，实现从简单项目到复杂项目的延伸。这不仅提高了供电的可靠性和连续性，还减少了停电对用户的影响和损失。

同时，数字化管理也在配电带电作业中得到广泛应用。通过智能辅助决策系统、远程实景勘察技术以及工分绩效数字化应用等手段，可以实现对作业过程的精细化管理和优化。这不仅提高了作业效率和质量，还降低了作业成本和风险。

四、安全管理体系完善：保障作业安全

安全是配电不停电作业的生命线。随着技术的不断升级和装备的不断完善，安全管理体系也需同步提升。一方面，要加强作业人员的安全培训和教育，提高他们的安全意识和操作技能；另一方面，要建立健全的安全管理制度和应急预案，确保在紧急情况下能够迅速、有效地应对。

此外，还可以通过引入先进的安全监测技术和设备，如智能穿戴设备、安全监控系统等，实现对作业现场环境和作业人员状态的实时、精准监测。这不

仅可以及时发现潜在的安全隐患，还能为事故调查和分析提供有力支持。

五、人才培养与团队建设：打造高素质队伍

人才是不停电作业发展的核心驱动力。随着技术的不断进步和作业模式的不断创新，对从业人员的专业技能和安全意识提出了更高要求。因此，要加强人才培养和团队建设，打造一支高素质、专业化的检修队伍。

一方面，要通过举办技术交流会、培训班等形式，提高从业人员的专业技能和安全意识；另一方面，要引入竞争机制和激励机制，激发团队的创新活力和工作热情。同时，还要注重团队文化的建设和传承，形成良好的工作氛围和团队精神，为不停电作业的持续发展提供坚实的人才保障。

配电不停电作业正朝着智能化、多样化、创新化、安全化和人才化的方向发展。未来，随着技术的不断进步和市场需求的持续增长，配电不停电作业将在提高电网运行效率、保障供电安全和提升用户满意度方面发挥更大的作用。同时，也需要不断加强技术创新、装备研发、作业模式创新、安全管理体系完善以及人才培养与团队建设等方面的工作，为配电不停电作业的持续发展提供有力的支撑和保障。